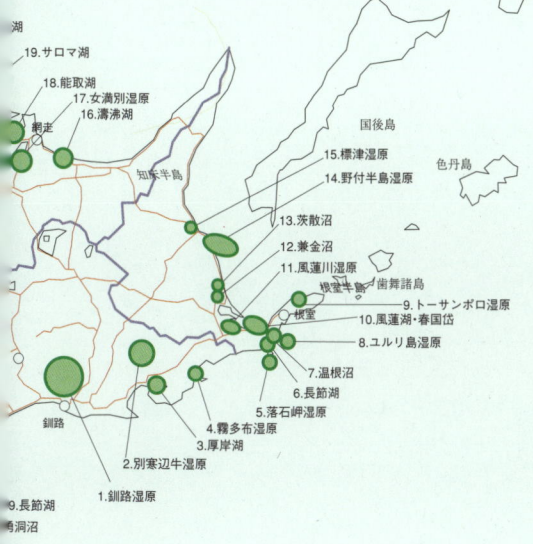

この本で紹介した湿原

北海道の
湿原と植物

Wetland Plants and Vegetation of Hokkaido

辻井達一・橘ヒサ子 編著

辻井達一・橘ヒサ子・高橋英樹・梅沢俊・岡田操・冨士田裕子 著

北海道大学出版会

この本を使うために

1. 北海道の代表的な51の湿原と主な湿原植物416種を収録しました。
2. 湿原は，大きく2つに分け，低地湿原と山地湿原の順に並べました。低地湿原は根室・釧路地方を起点として反時計回りに配列しました。
3. 湿原名の前に通し番号が付いています。この番号を利用すると，見返しの地図で場所が簡単に確認できます。
4. 湿原は，本文の地図中に規模に応じた大きさの●印で示しました。なお，湿原の場所を探しやすいように▲印を付けました。
5. 湿原名の英語表記を各湿原の最初の頁下に記しました。
6. 湿原についての主な用語の解説を巻末に収録しました。
7. 湿原植物は花の色や特徴により8つに分けて配列しました。それぞれの中では，科をエングラーシステムの分類順に並べましたが，科内は類似種が近くにくることを優先したため，学名のアルファベット順とは一致していません。
8. 花の色は変化が多く，例えば，赤紫と青紫の区別などはとても困難です。色分けに迷う花については，両方を探してみて下さい。
9. イグサ属，スゲ属など区別の難しいものは，検索表を載せました。
10. 植物名の前にも通し番号が付いています。この番号を利用すると，検索表中の和名や索引から写真や解説を探すのに便利です。
11. 植物番号順に並べた湿原植物和名－学名対照表を収録しました。
12. 湿原植物解説中の記号は，以下の意味を表わしています。
    ✼：花期，♣：果期，♣：生育地(高：高層湿原(ミズゴケ湿原)，中：中間湿原，低：低層湿原，草：湿生の草原，林：林内や林縁の湿地，川：流れのある小川の縁や河畔，池：湖や池沼とその周辺，塩：沿岸地域の塩生湿地，田：水田とその周辺)，♣：分布，♥：レッドデータ(日本—CR：絶滅危惧ⅠA類，EN：絶滅危惧ⅠB類，VU：絶滅危惧Ⅱ類，NT：準絶滅危惧，DD：情報不足；北海道—EX：絶滅種，CR：絶滅危機種，EN：絶滅危惧種，VU：絶滅危急種，R：希少種)，✺：危険要因(推定される主な絶滅の危機要因)

扉写真：群馬岳の湿原(岡田操撮影)。雨竜沼湿原へと至る。／第Ⅰ部中扉写真：浮島湿原(梅沢俊撮影)／第Ⅱ部中扉写真：霧多布湿原(岡田操撮影)

目　次

この本を使うために ……… 2

第Ⅰ部　北海道の湿原植物 ……… 5

(1) 黄・オレンジの花 ……… 6
(2) 赤・ピンク・茶・赤紫の花 ……… 17
(3) 青・青紫の花 ……… 29
(4) 白い花 ……… 36
(5) 緑・クリームの花 ……… 56
(6) 小さい花 ……… 59
(7) 低・高木 ……… 102
(8) シダ ……… 106

第Ⅱ部　北海道の湿原 ……… 111

(1) 根室・釧路地方 ……… 112
(2) オホーツク海に沿って ……… 150
(3) 日本海に沿って ……… 170
(4) 南西部域 ……… 180
(5) 十勝地方 ……… 198
(6) 山地の湿原 ……… 208

イグサ属の検索表 ……… 241
スゲ属の検索表 ……… 242
ミクリ属,ヒルムシロ属の検索表 ……… 243
ホタルイ属の検索表 ……… 244
用語解説 ……… 245
湿原植物和名‐学名対照表 ……… 248
湿原名英語表記一覧 ……… 257
あとがき ……… 258
参考図書 ……… 259
湿原植物和名索引 ……… 260
湿原名索引 ……… 264

I
北海道の湿原植物

黄・オレンジの花

赤・ピンク・茶・赤紫の花

青・青紫の花

白い花

緑・クリームの花

小さい花

低・高木

シダ

1 シナノキンバイ(ソウ)　　キンポウゲ科
高さ20〜80cmになる多年草。根出葉や下部の茎葉に長柄がある。葉身は円心形で3全裂し、側裂片はさらに2深裂。各裂片は中〜深裂しさらに欠刻か鋭鋸歯になる。花弁状の萼片は5〜7枚、広倒卵形。雄しべは花弁より長い。袋果の花柱は長さ3〜4mm。✿7〜9月。♣低〜草(高山帯)。🌀北海道〜本州中部。

2 チシマノキンバイソウ　　キンポウゲ科
高さ20〜80cmになる、シナノキンバイによく似た多年草。雄しべが花弁とほぼ同長、袋果の花柱が1.5〜2.5mm長と短い、などにより区別される。中間型もありさらに検討が必要である。チシマキンバイはまったく別種でバラ科の植物。✿7〜9月。♣低〜草(高山帯)。🌀北海道(大雪山系以東という)。

3 エゾノリュウキンカ　　キンポウゲ科
花茎は直立または斜上し、高さ50〜80cmになる多年草。茎は株状になり太く軟らかい。根出葉は幅10〜30cmの腎形で縁の鋸歯は三角形で規則的。花は径約3.5cmで4〜8個つけ、花弁状の萼片は黄色で光沢があり5〜6枚。袋果は長さ約1cm。✿5〜6月。♣低〜林。🌀北海道〜本州北部。

4 エンコウソウ　　キンポウゲ科
高さ10〜30cmの多年草。花茎が直立せず倒伏し、節から発根する点で近縁のエゾノリュウキンカから区別できる。根出葉は幅10cm以下のことが多く、縁の鋸歯はより少なく、やや鈍頭になる。花は茎の先に2個程度と少ない。✿5〜6月。♣低〜林。🌀北海道(東部に多い)〜本州。

5 カラクサキンポウゲ　　　キンポウゲ科
茎は泥上を長く這い，節から根をだす多年草。茎葉はまばらに互生し，3〜5深裂し，裂片はさらに1〜2回2〜3裂し，幅1〜2.5cm。花は単生し，径約7mm。花弁は5〜7枚，光沢ある黄色。✳7月。♣低〜草。✿北海道(東部，絶滅したともいわれる)。♥日本：CR，北海道：CR。✹湿地開発。

6 ハイキンポウゲ　　　キンポウゲ科
高さ15〜50cmになる多年草。長い地上匍枝をのばし節から発根する。茎や葉柄に粗い毛がある。根出葉は長い柄があり1回3出複葉で小葉はさらに2〜3回3出状に分裂する。花は径約2cm。集合果はほぼ球形，痩果は倒卵形で偏平，花柱は短く鍵状に曲がる。✳5〜6月。♣低〜草。✿北海道〜本州中部。

7 イトキンポウゲ　　　キンポウゲ科
ほとんど無毛で細い地上匍枝をつける草本。根出葉は糸状で長さ3〜10cm，幅1〜1.5mm，鋸歯はない。長さ2〜6cmの花柄に花を単生する。花弁は5枚，光沢ある黄色で，花は径6.5〜8mm。✳7〜8月。♣低(池沼の縁)。✿北海道(空沼岳，東部)，本州中部。♥日本：EN，北海道：R。✹湿地開発。

8 タガラシ　　　キンポウゲ科
高さ25〜60cmの越年草。茎は上部でよく分枝し，軟毛を散生する。根出葉の葉身は幅2.5〜7cmで3〜5中〜深裂し，裂片はさらに3〜5浅裂する。花は径6〜10mm，萼片はやや外反し外側に少し白色軟毛，花弁は光沢がある。集合果は長楕円状円柱形。✳6〜8月。♣田〜草。✿北海道〜本州。

7

9 コキツネノボタン　　　キンポウゲ科
高さ25〜60cmになる越年草。茎や葉柄に開出する粗い毛をもつ。葉は1回3出複葉で葉身は幅4〜8cm、小葉は柄があり、さらに2〜3回3出状に中〜深裂する。花は径8〜10mm。集合果は長楕円形にのびる。痩果の花柱はごく短い。✱6〜8月。♣低〜草。♧北海道(南部)〜九州。♥日本：VU。

10 コウホネ　　　スイレン科
地下茎が発達して広がり、長柄のある葉をもつ多年生水草。水中葉は長卵形で質薄く、流水中では長くのびる。水上葉は水面を抜き、長さ20〜30cmの長卵形で質厚い。花は径4〜5cm、目立つのは萼片で、花弁は萼片の半長以下。果実は卵形、液果状。✱6〜9月。♣池〜川。♧北海道(東部には稀)〜九州。

11 ネムロコウホネ　　　スイレン科
コウホネに似る多年生水草。水面を抜く抽水葉がなく、水面に浮かぶ浮葉のみ。浮葉は長さ6〜15cmの広卵形、裏面に細毛が密に生える。花は径2〜3cm、雌しべの柱頭盤は黄色。液果。✱7〜8月。♣池(高層湿原中)。♧北海道(東部と北部に多い)〜本州北部。♥日本：VU，北海道：VU。✻水質悪化。

12 オゼコウホネ　　　スイレン科
ネムロコウホネの変種で柱頭盤が紅色になる点で区別されるが、これ以外に違いがない。雨竜沼湿原でみられる子房部分まで紅色になる個体は今後の検討が必要。✱7〜8月。♣池(高層湿原中)。♧北海道(雨竜沼，北部，ネムロコウホネより産地は少ない)〜本州中部。♥日本：VU，北海道：R。✻水質悪化。

3 オトギリソウ　　　　オトギリソウ科
高さ30〜50cmになる多年草。茎は直立して分枝し枝は斜上する。葉は広披針形で基部半ばで茎を抱き，長さ3〜5cm。密に黒点が入り，縁に黒点が多い。萼片に黒点と黒線が入り縁に黒点が多い。花弁は長さ9〜10mmで黒点と黒線が入り縁に黒点が多い。雄しべは30〜40本。＊7〜8月。♣中〜草。✿北海道〜九州。

14 サワオトギリ　　　　オトギリソウ科
高さ20〜50cm，全体やや帯赤色の多年草。茎の基部は這って立ち上がり分枝する。葉は3〜3.5cmの倒卵〜長楕円形，円〜鈍頭，裏面帯白色で，多数の明点があり，縁に黒点。萼片と花弁に明点と明線。花弁は長さ4〜6mm。雄しべは25〜35本。＊7〜8月。♣低〜草。✿北海道(南西部)〜九州。

15 コケオトギリ　　　　オトギリソウ科
茎は高さ10cm以下，ときに20cmになる小形の一年草。茎は繊細で4稜形，よく分枝する。葉は広卵形で円頭，長さ2〜7mm，多数の小明点がある。花は単〜2出集散状につき，苞は葉と同形。花弁は長楕円形で長さ2.5mm。雄しべは5〜8本。＊7〜8月。♣草〜田。✿北海道(南西部に多い)〜九州。

16 ヤマガラシ(ミヤマガラシ)　　　　アブラナ科
高さ20〜60cmの多年草。茎は直立して上部で枝を分ける。葉は頭大羽状に中〜全裂し，長さ6〜12cm。頂小葉は楕円〜広卵形で先は円形，側裂片は小さい。茎葉は基部が耳状に茎を抱く。長角果は直立し線形で4稜形，長さ3〜5cm。＊6〜8月。♣川(山地)。✿北海道〜本州中部。

17 エゾネコノメソウ　　ユキノシタ科
花茎は高さ5〜10cm、ほとんど無毛の多年草。地中に糸状の走出枝をだす。茎葉は互生。花序の苞葉や萼片が鮮黄色に色づき目立つ。この仲間は萼片4枚で花弁がない。雄しべは8本。種子は平滑で突起がない。✱5月。♣低〜林(湿原内の小流縁など)。🔵北海道(東部)。🟥日本：EN。✹湿地開発。

18 ネコノメソウ　　ユキノシタ科
花茎は高さ5〜20cm、葉腋を除いて全体無毛の多年草。地上に走出枝がある。茎葉は対生し、葉身は広卵〜卵円形で長さが幅よりある3〜8対の鈍鋸歯。雄しべは4本。種子に1稜、全面に微細な乳頭状突起。✱4〜5月。♣低〜林(湿地の縁、ときに水中)。🔵北海道〜本州。

19 ツルネコノメソウ　　ユキノシタ科
花茎は高さ5〜15cm、ほとんど無毛の多年草。地表に花後伸長する走出枝をだし、先に大形円形の根出葉をつける。茎葉は互生し、葉身はふつう扇形、上縁に4〜6個の鈍頭あるいは円頭の鋸歯。雄しべは8本。種子に微細な乳頭状突起。✱4〜5月。♣川〜林(小渓流縁など)。🔵北海道〜四国。

20 ヤマネコノメソウ　　ユキノシタ科
花茎は高さ10〜20cmの多年草で、下部に開出白毛を散生。ツルネコノメソウに似るが、基部多少膨らみ珠芽をつけ走出枝をださない。茎葉は互生、葉身は円腎〜卵円形で上縁に2〜6個の浅く平らな鋸歯。種子に微細な乳頭状突起。✱4〜5月。♣川〜林。🔵北海道(南部)〜九州。🟥北海道：R。

21 チシマネコノメ（ソウ）　　ユキノシタ科
花茎は高さ5〜20cm，葉腋を除いて全体無毛の多年草。地上に走出枝があり葉は対生。走出枝先端に束生する葉が越冬する。根出葉の質は厚くて硬く，暗緑色でしばしば葉脈に沿って白斑が入る。雄しべは8本。種子に縦稜がある。＊4〜6月。♣低〜林。🔵北海道〜本州。

22 マルバネコノメ（ソウ）　　ユキノシタ科
花茎は高さ7〜15cm，開出する白色毛を散生する多年草。地上に走出枝があり葉は対生。茎葉の葉身は卵〜扇形で基部は楔形，先は円形で上縁に2〜6個の低い鈍鋸歯がある。雄しべは8本。種子は平滑または不明瞭な10稜がある。＊5〜7月。♣低〜林。🔵北海道〜本州。

23 エゾツルキンバイ　　バラ科
茎は地を這い節から発根する多年草。葉は長柄があり羽状複葉で9〜19の小葉があり羽軸に付属小葉片がある。小葉は長楕円形で長さ2〜5cm，縁には粗い鋭鋸歯があり，裏面に白い綿毛がある。花は径2〜3cm。萼片は卵状三角形，副萼片はやや小さい。＊6〜7月。♣塩。🔵北海道〜本州北部。

24 キジムシロ　　バラ科
花茎は高さ5〜30cmの多年草。全体に長い開出毛があり匍枝はない。根茎は太く，葉は根生し羽状複葉で3〜9小葉からなる。小葉は楕円形，長さ1.5〜5cm，鈍頭，鋸歯縁。花は径15〜20mm，花弁は萼片の1.5〜2倍長。萼片と副萼片がある。痩果。＊5〜6月。♣草。🔵北海道〜九州。

25 ノウルシ　　　　　　　トウダイグサ科
高さ30〜60cmの多年草。植物体に白乳液がある。茎に狭長楕円形の葉を互生し、茎頂に5枚の葉をつけ、その葉腋から5本の枝をだし、三又分枝を繰り返して杯状花序をつける。苞葉は倒卵形で鮮黄色。蒴果にいぼ状突起。✱5〜6月。♣低〜草（河畔の湿性草原）。🌀北海道〜九州。♥北海道：R。✹湿地開発。

26 キツリフネ　　　　　　　ツリフネソウ科
高さ40〜80cmになる軟弱な一年草。多汁質の茎である点はツリフネソウと同じ。葉は互生し、卵〜長楕円形で長さ4〜8cm。葉の縁が粗く鈍鋸歯、先は鈍いので花がなくても区別できる。花は細い花柄につり下がり、黄色で大形。緩く下に曲がる距がある。✱7〜9月。♣低〜林。🌀北海道〜九州。

27 ヤナギトラノオ　　　　　サクラソウ科
地下茎は長く這い、地上茎は円柱形で直立し高さ60cmくらいまでの多年草。葉は対生し、披針形、長さ4〜10cm、黒腺点がある。葉腋に多数の花からなる長さ2〜3cmの総状花序をつける。花冠は黄色で5〜7深裂し、雄しべは5〜7本、長く突きでて目立つ。✱6〜7月。♣中〜草。🌀北海道〜本州中部。

28 クサレダマ　　　　　　　サクラソウ科
地下茎は横に這い、直立する地上茎は高さ80cmまでの多年草。葉は対生あるいは輪生し、披針〜狭長楕円形で長さ4〜12cm、幅1〜4cm。黒腺点がある。花は茎の先に円錐花序につき、花冠は黄色で径15mmほど。5裂し裂片は三角状卵形。✱7〜8月。♣草（低〜山地）。🌀北海道〜九州

29 アサザ　　　　　　　ミツガシワ科
地下茎が泥の中を這う多年生の水草。浮葉は卵〜円形で径5〜10cm，基部は深い心形，やや厚く波状歯牙がある。葉柄はやや盾状につく。花冠は径3〜4cm，5深裂し縁に長毛がある。蒴果は狭卵形，種子は偏平倒卵形で約3mm，翼がある。✽6〜8月。♣池。✿北海道(稀)〜九州。

30 ゼンテイカ(エゾカンゾウ)　　　ユリ科
花茎は高さ80cmに達する多年草。根出葉は2列跨状に並び線形で，長さ70cmほど，幅約2cm。オレンジ色の花が3〜6個，花茎の先に集まってつき花柄は短い。花は朝開き夕方閉じる。蒴果は広楕円形で長さ20〜25mm。✽7〜8月。♣低〜中(丘陵地や亜高山草原)。✿北海道〜本州中部。

31 ミゾホオズキ　　　　ゴマノハグサ科
高さ10〜30cmの多年草。茎は軟らかく分枝して広がる。葉は膜質で卵〜楕円形で先が尖り縁に少数の鋸歯，長さ1〜4cm。基部に柄がある。上部葉腋につく1.1〜2cmの花柄の先に1花をつける。萼の先は切形で5個の突起。花冠は小さく，長さ1〜1.5cm。✽6〜8月。♣草(山中)。✿北海道〜九州。

32 オオバミゾホオズキ　　　ゴマノハグサ科
高さ10〜30cmのミゾホオズキに似た多年草。茎はほとんど分枝せず直立，葉は卵〜卵円形で，基部に柄がなく，縁に尖った鋸歯がある。上部葉腋につく2〜3cmの花柄に1花をつける。萼の先は三角状の5裂片に裂ける。花冠は大きく，長さ2.5〜3cm。✽7〜8月。♣草(山中)。✿北海道〜本州中部。

33 タヌキモ　　　　　　　　タヌキモ科
水中に浮遊する水生の食虫植物。地中茎はださず，水中茎は長さ50cm前後，細かく分裂して多数の捕虫嚢をつける。葉裂片の縁に鋸歯状小刺があり先端に1本の小刺がある。花は黄色で径1.5cmくらい，距は短く幅広い円錐形。✻7～9月。♣池。🆘北海道～九州。❤日本：VU，北海道：R。✺湿地開発。

34 オオタヌキモ　　　　　　タヌキモ科
タヌキモに似る北方系の種で，これまで区別されないできた。より大きく水中茎は長さ1m以上。葉裂片の縁の鋸歯状小刺が目立たない。花は黄色で距はより長く狭円柱状なのがよい区別点。✻7～9月。♣池。🆘北海道～本州北部。❤北海道：Rとされるフサタヌキモは北海道に分布しないようである。

35 コタヌキモ　　　　　　　タヌキモ科
沈水性の食虫植物。地中茎に多数の捕虫嚢をつけ，水中茎には捕虫嚢をつけないか少ない。水中茎の葉は密に互生し葉の輪郭は円～楕円形，葉裂片の縁や先端に鋸歯状小刺がある。花は鮮黄色。水中茎に捕虫嚢をつけるものをヤチコタヌキモ（❤日本：EN，北海道：R）という。✻6～9月。♣池。🆘北海道～九州。

36 ヒメタヌキモ　　　　　　タヌキモ科
コタヌキモに似る水草。水中茎の葉はややまばらに互生し輪郭が卵～半円形，葉裂片の縁に小刺なく先端に1本の小刺毛。花は淡黄色で距は短い円錐形。変異が大きくフトヒメタヌキモ，ナガレヒメタヌキモなどの生態型がある。✻8～9月。♣池。🆘北海道～九州。❤日本：VU，北海道：VU。✺水質悪化。

7 エゾノタウコギ　　キク科
高さ15〜70cmの一年草。茎はやや4稜ありほとんど無毛。葉は対生し羽状深裂し裂片は2〜3対あり線状披針形で鋭尖頭，縁に大きな内曲する鋸歯がある。頭花は上向きにつき径2〜3cmになる。舌状花はない。瘦果は扁平，果体は長さ4.5〜5.5mm，芒は2本で長さ2.5〜3mm。✱8〜9月。♣草。🔵北海道。

38 タウコギ　　キク科
高さ20〜150cmの多年草。茎は枝分かれし無毛。葉は対生し羽状に3〜5深裂する。頭花は径2.5〜3.5cmとなる。エゾノタウコギと同様，頭花に舌状花はない。総苞片は草質で倒披針形。瘦果は扁平，果体の長さ7〜11mmとより大きく，芒は2本で長さ3〜4mm。✱8〜10月。♣草。🔵北海道〜九州。

39 ヤナギタウコギ　　キク科
エゾノタウコギに似る，茎の高さ25〜90cmの一年草。葉は対生し披針形，長さ8〜17cmで鋭尖頭。頭花は径4cm，長さ約10mmの舌状花がある。総苞片は草質で披針形。瘦果は4稜形で先に4本の芒がある。✱8〜9月。♣低〜中。🔵北海道〜本州北部。♥日本：CR，北海道：EN。✿湿地開発。

40 コガネギク(ミヤマアキノキリンソウ)　　キク科
高さ15〜60cmの多年草。茎下部の葉は卵形，長楕円〜披針形で鋭〜鋭尖頭。頭花は径12〜15mm。総苞は広鐘形で片は3列，緩く覆瓦状に並び，外片は卵状披針形，2〜3mmで鋭頭。瘦果は円柱形，8〜12肋条。変異が大きく，湿地には葉が線状披針形になる型がある。✱8〜9月。♣草。🔵北海道〜本州中部。

15

41 ニガナ　　　　　　　　キク科
高さ30cmほどの多年草。根出葉は広披針〜広倒披針形，ときに倒卵長楕円形，基部細く長柄がある。不整に切れ込む。茎葉は基部耳状で茎を抱く。頭花は5〜7小花（舌状花）。総苞は長さ7〜8mm。瘦果は長さ3〜3.5mm，嘴は1mm弱，冠毛は淡汚褐色。ハナニガナは変種。＊6〜7月。♣草。□北海道〜九州。

42 オグルマ　　　　　　　　キク科
高さ20〜60cmでカセンソウに似る多年草。茎葉は広披針〜長楕円形で長さ5〜10cm，基部は半ば茎を抱く。質軟らかく，裏面に脈は特に突出しない。頭花は径3〜4cm，総苞片は5列，外片は狭披針形。瘦果は有毛で10肋，冠毛には微短毛がありざらつく。＊7〜10月。♣草。□北海道〜九州。

43 キショウブ　　　　　　　アヤメ科
高さ100cmになる多年生の帰化植物。地下茎は太く横走し，花茎はよく分枝する。他の自生アヤメ類と同様に根生葉は剣状，長さ60〜100cm，幅は20〜30mmで中脈が明瞭。花が黄色なのが明らかな区別点。内花被片はごく小形で直立。＊6〜7月。♣低（流れのある川や溝の縁）。□北海道〜九州。

44 カキラン　　　　　　　　ラン科
高さ30〜70cmの多年草。茎は平滑，基部は紫色を帯び少数の鞘状葉がある。葉は狭卵形，5〜10枚つき，長さ7〜12cm，幅2〜4cm。縦脈がしわ状で目立つ。黄褐色の花を3〜10個つけ，苞は草質でときに花より長い。＊6〜8月。♣草。□北海道〜九州。♥北海道：VU。❋湿地開発，盗掘。

45 ミゾソバ　　　　　　　　　　タデ科

高さ30〜100cmになる一年草。茎下部は地を這い、発根する。上部は直立し下向きの刺毛がある。葉は有柄、卵状ほこ形、先は鋭尖形、基部広心形で長さ3〜12cm。托葉鞘は短筒状で有毛、縁はときに葉状となりふつう全縁。花は頭状に集まり、ピンク〜白色。花柄に腺毛。❋7〜9月。♣低〜草。🔵北海道〜九州。

46 サデクサ　　　　　　　　　　タデ科

高さ30〜100cmのミゾソバに似た一年草。茎は分枝し下向きの刺毛。葉は有柄で長楕円状ほこ〜披針状ほこ形、基部心形で耳部は水平に開き、長さ3〜8cm。托葉鞘の上部は葉状になり先に切れ込みがある。花は頭状につきピンク〜白色。❋7〜9月。♣低〜草。🔵北海道〜九州。♥北海道：R。✹湿地開発。

47 タニソバ　　　　　　　　　　タデ科

高さ10〜50cmの一年草。枝はよく分枝し赤味を帯びることが多く刺毛はない。葉は有柄で卵形、先は鋭尖形、基部は楔形で葉柄に流れ、長さ1〜9cm、幅0.5〜3cm。葉柄は翼状になって茎を抱く。花は頭状に集まり、ピンク〜白色。❋7〜9月。♣低〜林。🔵北海道〜九州。

48 ヤナギタデ　　　　　　　　　タデ科

高さ30〜80cmの一年草。茎は分枝し直立して下向きの刺毛はない。葉は有柄、披針〜長卵形で両端狭まり、長さ3〜10cm、辛味がある。托葉鞘は筒状膜質、短い縁毛がある。花は総状花序につき、上部は垂れ、長さ4〜10cm。萼に透明な腺点が密にあるのはよい特徴。❋7〜9月。♣低〜草。🔵北海道〜九州。

17

49 アキノウナギツカミ　　　タデ科
高さ約1mに達する一年草。茎は分枝し，上部斜上し他物にからむ。茎に下向きの刺毛。葉は有柄，卵状披針〜長披針形，基部矢じり形，裏面中脈上に下向きの刺毛があり長さ5〜10cm。托葉鞘は筒状で先は切形。花は数個が頭状につきピンク〜白色。花柄は無毛。❋7〜9月。♣低〜草。✿北海道〜九州。

50 ナガバノウナギツカミ　　　タデ科
高さ30〜100cmになる一年草。茎下部は地を這い，上部直立し，下向きの刺毛がある。葉に短柄があり，卵状披針〜披針形，基部ほこ〜矢じり形。アキノウナギツカミに似るが，托葉の先は切形で縁毛があり，花柄に腺毛がある点で異なる。❋8〜9月。♣低〜林。✿北海道(南西部)〜九州。

51 ヤノネグサ　　　タデ科
高さ50cmほどの一年草。茎は細く枝分かれして斜上し下向きの小刺毛をもつ。葉は短い柄があり卵〜広披針状長楕円形で基部は切形または浅心形，長さ2.5〜8cm。托葉鞘は膜質で先は切形で縁毛は長い。花序は密な頭状。花はピンク〜白色。花柄に腺毛がある。❋8〜9月。♣低〜草。✿北海道〜九州。

52 エンビセンノウ　　　ナデシコ科
高さ60〜100cmくらいの多年草。対生する葉が10段前後つき，葉は長さ4〜7cm，幅1〜2cmで長卵〜披針形，基部は茎を抱き鋭尖頭。6〜15個の花が茎頂に集散花序につく。萼は長楕円形で長さおよそ1.5cm，5枚の花弁は多数に深裂する。❋7〜8月。♣草。✿北海道，本州中部。♥日本：EN，北海道：CR。

53 ジュンサイ　　　　　　　スイレン科
地下茎が泥中を横に這う多年生水草。葉は水面に浮かび、葉柄は葉身の真ん中につく。葉身は楕円形で径5〜10cm、裏面は帯紫色。花は径2cm。花被片は内外同じ形で計6枚、紫褐色で長楕円形。雄しべは12〜24本、雌しべは6〜24本が離生。果実は袋果状で裂開しない。＊6〜8月。♣池。🔵北海道〜本州。

54 ミズオトギリ　　　　　オトギリソウ科
高さ50〜100cmの多年草。オトギリソウとは別属。葉は長さ3〜7cmで披針状長楕円形、鈍頭、無柄でやや茎を抱き、明点が多い。花弁は5枚で帯紅色、長楕円形で長さ5mm。雄しべは9本で3束に分かれ腺体が3個ある。蒴果は楕円状球形で約10mm長。＊8〜9月。♣低〜中。🔵北海道〜九州。

55 ホザキシモツケ　　　　　　バラ科
高さ1〜2mの落葉低木。葉は狭長卵〜狭卵形、長さ3〜10cm。鋭尖〜鋭頭、鋭鋸歯または重鋸歯。花序は円錐状、長さ6〜15cm、やや密に短軟毛がある。雄しべは約50本、花弁の約2倍長。袋果は直立し、長さ4〜5mm。＊6〜8月。♣低〜草。🔵北海道〜本州中部。♥日本：VU。

56 エゾノシモツケソウ　　　　バラ科
高さ1mくらいになる多年草。葉は有柄の羽状複葉で、頂小葉は大きく掌状に5〜7裂し縁には欠刻と鋸歯がある。側小葉は小形で少数、托葉は膜質で褐色なのが特徴。花はピンク色。袋果は無毛。エゾシモツケは別の植物で、同じバラ科の低木。＊7〜8月。♣低〜草。🔵北海道。

57 クロバナロウゲ　　バラ科
茎は下部やや地を這って分枝し,上部直立して30〜60cmになる多年草。葉は3〜7個の小葉からなる羽状複葉。小葉は狭長楕円形,長さ4〜7cm,少数の鋸歯があり裏面は粉白色を帯び絹毛がある。花は径1.5〜2cm。花弁は卵形,鋭尖頭で萼片より短い。✿7〜8月。♣低(池沼の縁など)。🔷北海道〜本州中部。

58 エゾノレンリソウ　　マメ科
高さ80cmに達する多年草。茎に幅1〜2mmの翼がある。葉は偶数羽状複葉で小葉は4〜8枚,葉軸の先端は分枝した巻きひげとなり他物に巻きつく。花は長さ1.5〜2cm,4〜8花の総状花序となる。萼は長さ8〜9mm,裂片は不同長。豆果。✿6〜9月。♣草。🔷北海道〜本州。

59 ツリフネソウ　　ツリフネソウ科
高さ50〜80cmになる軟弱な一年草。茎の質はキツリフネに似る。葉は菱状楕円形で長さ6〜14cm,葉の縁には先が小突起になる鋸歯があり,葉先が尖る点でキツリフネから区別できる。距の先はのび,渦巻状に巻く。花は赤色だがときに白い花もある。✿7〜9月。♣低〜林。🔷北海道〜九州。

60 エゾミソハギ　　ミソハギ科
高さ50〜150cmになる多年草。枝に稜があり葉は無柄で対生〜3輪生し,長披針〜広披針形,基部は円〜浅心形で半ば茎を抱く。頂生する長さ20〜35cmの穂状花序に多数の花をつける。萼筒は12肋条があり裂片は6,花弁6枚。蒴果。✿7〜8月。♣低〜草。🔷北海道〜九州。

61 ホソバアカバナ　　　アカバナ科
高さ10～80cmの多年草。茎に稜はなく短毛があり上部に腺毛がある。葉は無柄で線～線状披針形で長さ1.5～9cm、幅2～15mm。花は白～淡紅色。花弁は4枚、倒卵形で先2浅裂。柱頭は棍棒状。蒴果に短白毛があり特に若いときは顕著。✱6～9月。♣低～中。❄北海道～本州中部。

62 エダウチアカバナ　　　アカバナ科
高さ20～40cmになる多年草。ホソバアカバナに似るが、多く枝分かれし、茎上部に細かい曲毛がある。葉は狭長楕円～長楕円状披針形でふつう全縁。萼片や花弁はホソバより短い。花柱は棍棒状。蒴果に短白毛が密生。✱7～9月。♣川～林。❄北海道(稀)。♥日本：CR、北海道：EX。✺河川改修。

63 ミヤマアカバナ　　　アカバナ科
高さ5～25cmになる多年草。茎の稜線上に白い曲毛があり、上部に腺毛がある。葉には短柄があり中部の葉は長卵形、縁に低鋸歯、長さ1～4cm。花は淡紅色、花弁は長倒卵形で先2浅裂。柱頭は棍棒状。蒴果には腺毛が散生する。✱7～8月。♣川(高山の渓流縁)。❄北海道～本州中部。

64 アカバナ　　　アカバナ科
高さ15～90cmになる多年草。茎に稜はなく、茎上部や花柄などに短腺毛が密にあるのが特徴。葉は無～短柄、卵～卵状披針形、縁に鋸歯があり基部は広い楔～やや心形でしばしば茎を抱く。花は紅紫色、花弁は倒卵形で先2浅裂。蒴果には短腺毛がある。✱7～9月。♣低～林。❄北海道～九州。

21

65 ツルコケモモ　　　　　　　　ツツジ科
茎は細く，地面を這う常緑小低木。葉は互生し皮革質，卵状長楕円〜狭卵形，長さ5〜15mm，幅2〜5mm。縁やや裏面にまくれ葉裏は帯白色。細長い花柄には短毛が密生，先に下向きの花をつける。花冠は深く4裂し，裂片は反り返る。液果は球形，稀に楕円形で赤く熟す。＊7月。♣高。🔵北海道〜本州中部。

66 ヒメツルコケモモ　　　　　　　ツツジ科
ツルコケモモによく似るが，葉がより小さく長さ2〜5mm，幅1.5〜2.5mm。茎には白毛があるが，花柄が無毛の点で区別できる。花冠裂片は長さ5〜6mm，液果は径6〜7mmでやや小さい。＊7月。♣高。🔵北海道(ツルコケモモよりずっと少ない)〜本州中部。♥日本：VU，北海道：VU。✹湿地開発。

67 コケモモ　　　　　　　　　　ツツジ科
高さ5〜15cmの常緑小低木。茎の下部は地を這い，上部斜上する。葉は互生し皮革質でつやがある。長楕円形で長さ8〜25mm，幅5〜12mm。枝先に3〜8花からなる総状花序をつくる。花冠は鐘形で先は4裂。液果は赤く熟し径5〜7mm。＊6〜7月。♣草。🔵北海道〜九州。

68 クロマメノキ(ヒメクロマメノキ)　ツツジ科
高さ10〜30cmの落葉低木。若枝はやや角ばり，葉は互生し厚い紙質。倒卵〜楕円形，長さ1〜2cm，幅0.4〜1.5cm。鋸歯なく裏面やや帯白色で脈が隆起する。前年枝の先に1〜3花をつける。花冠は壺状筒形。液果は球形，黒紫色に熟し，径8〜10mm。＊6〜7月。♣草(高山帯に多い)。🔵北海道〜本州中部。

69 **ヒメシャクナゲ**　　　　　　ツツジ科
高さ30cmまでの常緑小低木。茎は細く，下部は地を這い上部は斜上する。葉は広線〜狭長楕円形で長さ1.5〜3.5mm，縁は裏側にまくり，葉裏は帯白色。枝先に下向きの2〜6個の花が集散花序につく。花冠はピンク色で壺状，5〜6mm長。蒴果は倒卵状球形で径3〜4mm。✱6〜7月。♣高。🅱北海道〜本州中部。

70 **エゾノツガザクラ**　　　　　ツツジ科
高さ10〜25cmの常緑小低木，枝はよく分枝する。葉は密に互生し線形，縁に微鋸歯があり，長さ7〜12mm，幅約1.5mm。花がないとアオノツガザクラと区別しがたい。枝先に4〜7個の下向きの花をつける。萼片は紫色を帯び，花冠は壺形で紅紫色。✱7〜8月。♣草(高山帯)。🅱北海道〜本州北部。

71 **ウミミドリ**　　　　　　　サクラソウ科
高さ20cmまでの多肉質の草本。茎は下部地を這い，上部直立する。葉は対生〜3輪生で多肉質，つやがある。広披針形で円頭，長さ6〜15mm，幅3〜6mm。花を葉腋に1個ずつつけ，萼は広鐘形で5裂し花弁状，白〜淡いピンク色。蒴果は卵球形で径3〜4mm。✱7〜8月。♣塩。🅱北海道〜本州北部。

72 **クリンソウ**　　　　　　　サクラソウ科
花茎は高さ80cmに達する多年草。日本のサクラソウ属の中では最大。根出葉は大形で無柄，倒卵状長楕円形で長さ40cm。花は多数が花茎に2〜5段に輪生し，花冠は紅紫色，中心は濃紅紫色。蒴果は球形，径7mm。✱5〜6月。♣草〜林。🅱北海道〜四国。♥北海道：VU。✺湿地開発，盗掘。

73 ユキワリコザクラ　　　サクラソウ科
高さ5〜20cmの花茎をだす多年草。葉は広卵〜楕円形で下部急に狭くなって柄状。縁は裏面に強く反り返り,不規則な波状歯牙がある。裏面に淡黄色の粉状物が密生。10個内外の花を散状につける。✳︎5〜6月。♣草。🟦北海道(東部に多い)〜本州北部。♥北海道：VU。✹湿地開発,盗掘。

74 エゾコザクラ　　　サクラソウ科
高さ5〜15cmの花茎をのばす多年草。全体無毛,葉はやや多肉で若いときは内巻きにたたまれる。倒卵状楔形で下部がしだいに細くなり,上部に4〜6個の三角形の歯牙がある。2〜5個の花を散形につける。花冠は高杯形で径約2cm。✳︎6〜8月。♣草(高山の雪渓)。🟦北海道。

75 イヌゴマ　　　シソ科
高さ40〜70cmの多年草で細長い地下茎がある。茎は四角で直立し稜に下向きの短刺がある。葉は対生し線状披針〜三角状披針形,長さ4〜8cm,幅1〜2.5cm。裏面中肋に下向きの短毛があってざらつく。萼は5裂して先は刺状に尖り開出する。花は長さ12〜15mm。✳︎7〜8月。♣草。🟦北海道〜九州。

76 エゾイヌゴマ　　　シソ科
高さ40〜70cmの多年草。葉は対生し,線状披針〜披針形で,長さ7〜12cm,幅1〜3cm。イヌゴマの変種で,葉に斜上する剛毛があり茎の稜上に開出する粗い剛毛が多いものだが中間的な個体もあり,ときにイヌゴマとの区別は難しい。✳︎7〜8月。♣草。🟦北海道。

77 **ヒメハッカ** シソ科
高さ20～40cmの多年草。葉は対生し卵状長楕円形で、全縁、先は鈍い。長さ1～2cm，幅3～8mm。花は枝先に集まってつき、花冠の長さ約3.5mm。萼は鈍頭三角形の5歯となり腺点があるが毛はない。✱8～9月。♣草。✿北海道～本州。♥日本：VU，北海道：VU。✺湿地開発。

78 **アゼナ** ゴマノハグサ科
高さ5～20cmの一年草。茎は基部で分枝して直立。葉は対生し楕円形で柄がなく、3～5本の掌状脈があり、先は円くて鋸歯なく、長さ15～25mm，幅6～10mm。上部葉腋につく長い花柄の先に1花をつける。花は長さ5mm。蒴果は卵状球形で長さ2～4mm。✱8～9月。♣田。✿北海道～九州。

79 **サワヒヨドリ** キク科
高さ40～90cmの多年草。茎は直立し上部に縮毛を密生する。葉は対生し披針形，先は細くなって鈍頭。長さ6～12cm，幅1～2cm。葉柄はなく、ときに3深裂し、3行脈が目立ち裏面に腺点がある。頭花は茎や枝先に密に散房状につく。痩果は長さ2.5mm，冠毛白色。✱8～9月。♣草。✿北海道～九州。

80 **ヨツバヒヨドリ** キク科
高さ1～2mの多年草。枝に縮毛がある。葉は3～4枚輪生し葉身は長楕円～長楕円状披針形，鋭鋸歯があり、ときに3～4裂し、裏面に腺点が散生，長さ10～15cm，幅3～4cm。頭花は茎頂に密散房状花序につく。痩果の冠毛は白色。✱8～9月。♣草。✿北海道～四国。

81 チシマアザミ　　　　キク科
高さ1〜2mになる大形の多年草。茎は直立して太く、しばしば分枝する。茎葉は長さ17〜35cm、無柄で基部は茎に沿下する。縁に刺があり全縁〜羽状中裂する。頭花は下向きに咲く。総苞は球状鐘形でクモ毛あり、幅3〜4cm。花冠は帯紫色。＊7〜9月。♣草。北海道。

82 エゾノサワアザミ　　　　キク科
高さ1〜2mになる多年草。茎は細く、しばしば毛があり多くは分枝する。茎葉の基部は茎に沿下する。葉身は8〜12対に羽状深〜全裂し、裂片は狭い。頭花は下向きに咲き、総苞は偏球形で多少クモ毛あり、幅約3cm。チシマアザミの変種とされる。＊7〜9月。♣草。北海道。

83 ミゾカクシ　　　　キキョウ科
高さ10〜15cmの多年草。茎の基部は分枝して這い、上部は立ち上がる。葉はまばらに互生し、披針形で長さ1〜2cm、波状の鋸歯があり、柄はない。葉腋につく1.5〜3cmの花柄の先に1花をつける。花冠は唇形で上唇は2深裂、下唇は3深裂。＊6〜9月。♣田。北海道(南西部に多い)〜九州。

84 ショウジョウバカマ　　　　ユリ科
花茎は高さ10〜30cm、果期に50〜60cmになる多年草。へら形の根出葉が多数つき、冬を越す。花は3〜10個が総状花序について横向きに開く。花被片は狭い倒披針形で濃紫〜淡紅色、ときに白色までと変化が大きい。蒴果。種子は両端尾状で約5mm長。＊5〜7月。♣低〜高、林。北海道〜九州。

35 クロユリ　　　　　　　ユリ科
高さ50cmまでの多年草。地下部は鱗茎。3〜5枚の葉が輪生状に数段つく。暗紫褐色の花が1〜数個茎頂に下向きにつく。低地個体が染色体数3倍体なのに対し、高山個体は丈低く2倍体なのでミヤマクロユリとして分けることがある。＊6〜8月。♣低〜林。🔵北海道〜本州中部。❤北海道：R。🌸湿地開発。

86 イボクサ　　　　　　　ツユクサ科
茎は下部で分枝して這い、高さ20〜30cmになる一年草。やや多肉質。葉は狭披針形で長さ3〜7cm、幅5〜10mm。花は葉腋に1個つく。花弁3枚、卵形。雄しべ6本のうち3本は仮雄しべ。蒴果は楕円形で長さ8〜10mm。＊9〜10月。♣草〜田。🔵北海道(主に南部)〜九州。

87 ザゼンソウ　　　　　　サトイモ科
植物体は肉質無毛、悪臭のある大形多年草。葉は長柄があり、大形の円心形で基部深い心形、長さ幅共に40cmになる。花序は葉に先立って開き、仏炎苞は暗赤紫褐色から明るい褐色、稀に緑白色で、長さ20cm。花序は楕円形、長さ約2cmで、果実はその年の夏に熟す。＊4〜5月。♣低〜林。🔵北海道〜本州。

88 ヒメザゼンソウ　　　　サトイモ科
ザゼンソウに似るがやや小形の多年草。花序は葉が展開しきった後に開き、暗紫褐色の仏炎苞はより小さい。春先の葉展開時にも昨年の果実が残っている。葉は長柄があり狭卵〜狭卵状楕円形で、基部心〜やや心形、長さ10〜20cm、幅7〜12cmとやや小さい。＊6〜8月。♣低〜林。🔵北海道〜本州。

89 サワラン　　　　　　　　　　ラン科
高さ20〜30cmの多年草。葉は1枚が直立して線状披針〜広線形，長さ6〜15cm，幅4〜8mm。苞は三角形で膜質，長さ2〜3mm。花は横を向いて咲き，果実は直立。唇弁は先が3裂し中裂片に縦の隆起線がある。＊7月。♣高。🔵北海道〜本州中部。♥北海道：VU。✿湿地開発，盗掘。

90 トキソウ　　　　　　　　　　ラン科
高さ10〜30cmの多年草。葉は披針〜線状長楕円形，長さ4〜10cm，幅7〜12mm。花は紅紫色で1個が頂生。サワランに似るが苞は葉状で長さ2〜4cm。唇弁は3裂し，中裂片は大きく内面や縁に肉質突起が密生。距はない。＊5〜7月。♣中〜高。🔵北海道〜九州。♥日本：VU，北海道：VU。✿湿地開発。

91 ハクサンチドリ　　　　　　　ラン科
高さ10〜40cmの多年草。葉は3〜6枚。倒披針形で基部茎を抱き長さ5〜15cm，幅1〜3cm。穂状花序に花を密につける。距は長さ1〜1.5cm。花色の変異が大きく，葉に暗紫色の斑点がでるウズラバハクサンチドリなどの品種もある。＊6〜8月。♣草(高山帯に多いがときに山地)。🔵北海道〜本州中部。

92 コアニチドリ　　　　　　　　ラン科
高さ10〜20cmの多年草。葉は広線形，長さ4〜8cm，幅4〜8mm。ピンク色の2〜5花からなる。唇弁3裂し中裂片の先端少しへこみ表面基部に斑紋が2列に並ぶ。距は長さ1〜1.5mmで小さい。＊6〜8月。♣中〜高。🔵北海道〜本州中部。♥日本：VU，北海道：VU。✿湿地開発，盗掘。

93 **カラフトブシ** キンポウゲ科
高さ60～150cmになる多年草。茎は直立し上部に曲がった毛がある。中部の茎葉は3全裂し側小葉は2深裂する。裂片は基部狭い楔状で、強く欠刻し、欠刻片は線状披針形。花序は密な総～散房状。萼片は花弁状で5枚、頂萼片の先は長く尖る。雌しべは無～有毛。＊8～9月。♣草。🔵北海道(北部，東部)。

94 **テリハブシ** キンポウゲ科
高さ150cmになる多年草。エゾトリカブトの変種とされる。茎は直立して分枝し、枝は開出してのびる。中部の茎葉は質厚く3全裂し側小葉は2深裂する。裂片は基部楔状で、欠刻し、欠刻片は披針～卵状披針形。花序はしばしば分枝して円錐状。雌しべは無毛。＊8～9月。♣草。🔵北海道。

95 **クロバナハンショウヅル** キンポウゲ科
下部木化し、上部つる状にのびる多年草。葉は5～9葉の羽状複葉。小葉は卵形で鋸歯なく、頂小葉はしばしばつる状。花は広鐘形で下向き、花弁状の萼片は4枚、暗黒紫褐色で絨毛を密生。痩果の花柱は長く、黄褐色長毛をもつ。＊7～8月。♣低。～林。🔵北海道。♥日本：VU，北海道：R。❋湿地開発。

96 **クシロハナシノブ** ハナシノブ科
高さ60cmまでの多年草。葉は互生し8～12対の小葉からなる羽状複葉。小葉の幅は狭く通常1cm以下。花は青紫色で長さ17～20mm，5深裂する。カラフトハナシノブの品種とされる。＊6～8月。♣中(泥炭地湿原)。🔵北海道(釧路，根室地方)。♥日本：EN，北海道：VU。❋湿地開発，盗掘。

29

97 タテヤマリンドウ　　　　　リンドウ科
高さ5〜15cmの越年草。茎は基部で分枝して束生。ロゼット状の根出葉は卵形で長さ1〜3cm。花は茎頂に単生し上向き、花冠は鐘状筒形、長さ1.5〜2cm。花冠裂片は三角状披針形、副片は半円形で縁に小歯がある。✲5〜6月。♣低〜中。🔷北海道〜九州。♥北海道：R(ハルリンドウとして)。✹湿地開発。

98 ミヤマリンドウ　　　　　リンドウ科
高さ5〜10cmの多年草。茎はやや4稜があり帯赤紫色。茎葉は対生し、小形の卵状長楕円形で厚く、長さ5〜10mm。1〜少数個の花が茎上部に上向きにつく。花は長さ15〜22mm、裂片は5、副片は狭三角形で裂片と共に平開する。✲7〜8月。♣草(高山帯)。🔷北海道〜本州中部。

99 エゾリンドウ　　　　　リンドウ科
高さ80cmくらいまでの多年草。葉は対生し披針形、長さ6〜10cm、やや厚味があり表面は濃緑色、裏面は帯白色。花は茎頂と上部の数段の葉腋に上向きにつく。花冠は青紫色で鐘状筒形、長さ4〜5cm、裂片はふつう平開しない。✲8〜9月。♣草。🔷北海道〜本州中部。

100 ホロムイリンドウ　　　　　リンドウ科
葉が線状披針形で細い型をホロムイリンドウとして、エゾリンドウの亜変種とする。ときにエゾオヤマリンドウとの区別が難しい。花は茎頂とその下の葉腋に上向きにつく。花冠は長さ4〜5.5cm。和名は石狩地方の幌向に由来する。✲8〜9月。♣草。🔷北海道、本州中部。♥北海道：R。✹湿地開発。

01 **タニマスミレ** スミレ科
高さ2〜10cmの多年草。地下茎は細く横に這う。地上茎はなく、葉の数は少なく、卵形で薄く、両面共ふつう無毛、長さ0.8〜2.5cm、果期には4.5〜5.5cmになる。托葉は小さい。花は淡紅紫色で長さ10〜15mm。✻ 6〜8月。♣高〜草(高山帯)。❄北海道(稀)。♥日本：CR、北海道：CR。

102 **オオバタチツボスミレ** スミレ科
茎は20〜40cmになる多年草。地下茎は太く伸長する。地上茎があり、葉は円心形で長さ3〜7cm、先は鈍頭または短く鈍く尖り基部心形。托葉は大形卵形で長さ1〜2cm。花は茎上につき花弁の長さ15〜20mmと大きい。✻ 6〜7月。♣低〜草。❄北海道〜本州中部。♥日本：VU。✺湿地開発。

103 **ワスレナグサ** ムラサキ科
高さ40cmほどの帰化多年草。全体に伏した軟毛がある。茎の下部は横に這い、しばしば走出枝をだす。葉は倒披針形。花は淡青紫色でさそり状花序につく。萼は5浅裂し圧毛だけがある。✻ 6〜8月。♣川(クレソンが生えるような清流縁に群生)。❄北海道〜本州中部。

104 **エゾムラサキ** ムラサキ科
高さ20〜40cmの多年草。まばらに開出する白粗毛があり、茎は基部から直立。茎上部はまばらに分枝。基部の葉は匙形、茎葉は倒披針形で長さ2〜6cm、幅7〜12mm。上部のものはやや茎を抱く。花は径6〜8mmで萼は5深裂、鍵状の開出毛がある。✻ 6〜7月。♣林。❄北海道〜本州。

31

105 エゾナミキ　　　　　　　　　シソ科
高さ10〜40cmの多年草で，ナミキソウの変種とされる。茎四角，やや無毛で稜上にだけ上向きの短い曲毛がある。葉は対生し卵〜狭卵形で長さ6cmまで，先やや尖り，柄がある。花は上部葉腋に1個ずつつき，基部で折れ曲がる。＊7〜9月。♣草。🔵北海道〜本州北部。♥日本：EN。✹湿地開発。

106 ハッカ　　　　　　　　　シソ科
高さ20〜40cmの多年草。葉は対生し狭卵〜長楕円形，長さ2〜8cm，幅1〜2.5cm。鋭い鋸歯があり両端尖り6〜20mmの葉柄がある。花は，上部の葉腋に球状に集まる。萼は長さ2.5〜3mmで狭三角形，鋭尖頭の5歯。花冠は鐘形，ほぼ等しく4裂する。＊7〜9月。♣草。🔵北海道〜九州。

107 オオマルバノホロシ　　　　　　　　　ナス科
茎は軟らかく，つる性の多年草。葉は互生し卵〜狭卵形で先は短く尖り鋸歯はない。基部は円形，長さ1.5〜2.5cmの柄がある。葉身は長さ4〜9cm，幅2〜4cm。茎の途中からまばらに分枝する集散花序をだす。萼は皿形で浅く5裂。花冠は5片に深く裂けて反り返る。＊7〜9月。♣草。🔵北海道〜本州中部。

108 ホソバウルップソウ　　　　　　ウルップソウ科
高さ15〜30cmの花茎をのばす多年草。葉は互生し肉質でつやがあり，狭卵〜長楕円状披針形。先やや尖り基部は楔形，縁に波状の鈍鋸歯がある。長さ5〜11cm，幅3〜7cm。萼の先は円く2裂しない。花冠は長さ9mm。＊7〜8月。♣草(高山帯)。🔵北海道(大雪山)。♥日本：EN，北海道：VU。

109 エゾノカワヂシャ　　ゴマノハグサ科
茎は地を這って広がり，長さ10〜35cmの多年草。全体無毛。葉は対生し長楕円〜長楕円状披針形，先鈍く基部円形で2〜7mmの柄がある。縁に鈍鋸歯があり長さ2〜7cm，幅1〜2.5cm。葉腋から長さ5〜13cmの花序をだし5〜20花をつける。蒴果は長さ2.5〜3mm，幅3〜3.5mm。✽6〜8月。♣草。♧北海道。

110 カワヂシャ　　ゴマノハグサ科
茎は直立〜斜上する高さ10〜50cmの越年草。全体葉と共に無毛。葉は対生し披針〜長楕円状披針形，基部円形で柄はない。葉腋に長さ5〜15cmの花序をだし，15〜50花をつける。蒴果は球形で先がわずかにへこみ，長さ幅共2.5〜3mm。✽6〜8月。♣草。♧北海道(東部などに稀)〜九州。

111 ホザキノミミカキグサ　　タヌキモ科
高さ10〜30cmになる多年生食虫植物。地中を這う白い軸の所々に長さ2〜3.5mmのへら形の地上葉が集まってつく。少数の捕虫嚢は仮根につく。花茎には無柄の花を4〜10個つける。距は前方に突きだす。✽6〜9月。♣草。♧北海道(稀)〜九州。♥北海道：R。✾湿地開発。

112 ムラサキミミカキグサ　　タヌキモ科
高さ5〜15cmの多年生食虫植物。茎は湿地を這い，地下部に捕虫嚢をつけ，地上葉はへら形で長さ3〜6mm。地上に立つ花茎に青紫色の花を1〜4個つける。距は下向きで先はやや前に曲がる。✽8〜9月。♣中。♧北海道〜九州。♥日本：VU，北海道：VU。✾湿地開発。

113 サワギキョウ　　　　キキョウ科
茎の高さ50〜100cmで枝分かれしない多年草。根茎は短くて太く横に這う。葉は多数が互生につき，披針形で長さ4〜7cm。花は茎頂に密な総状花序につき，花冠は濃紫色，長さ2.5〜3cm，唇形。上唇は2深裂，下唇は3浅裂する。蒴果は球形で長さ8〜10mm。＊8〜9月。♣低〜中。🟦北海道〜九州。

114 ウラギク　　　　キク科
高さ25〜55cmになる越年草。茎や葉は無毛。茎上部分枝し，下部帯赤色。葉は肉質，披針形で長さ6.5〜10cm，基部わずかに茎を抱く多数の頭花を緩い散房状につける。頭花は径約2mm。総苞片は3列，外片は披針形で鈍頭冠毛は花後のびる。＊8〜9月。♣塩。🟦北海道(東部)〜九州。

115 タチギボウシ　　　　ユリ科
花茎は高さ45cmほどになる多年草。根出葉は斜めに立ち，葉身の基部は柄に流れ，表面の脈はへこむ。長さ10〜20cm，幅5〜8cm。苞に抱かれた花は数〜10個前後，総状に横から下向きにつき淡紫色。果実は赤茶けた細い楕円形で下向きにつける。＊7〜8月。♣低〜高。🟦北海道〜九州。

116 ミズアオイ　　　　ミズアオイ科
高さ70cmほどの抽水性の一年生水草。葉は心形で長さ5〜10cm，質厚く光沢があり，鑑賞用のホテイアオイに似るが，葉柄は膨らまない。花は径1.5〜3cmで総状花序に多数つき，花被片は青紫色。＊8〜9月。♣低〜田。🟦北海道(中央部)〜九州。❤日本：VU，北海道：VU。✹水質の悪化。

17 ノハナショウブ　　　　　　　アヤメ科
花茎は高さ80cmくらいまでの多年草。葉は剣状で幅5〜12mmと狭く、太い中脈が目立つ。花は赤紫色でやや赤っぽいので他のアヤメ属植物から区別できる。外花被片の基部は黄色で網脈はない。内花被片は外花被片と質同じで長さ4cmくらいで直立。＊7〜8月。♣低〜中。🔵北海道〜九州

118 カキツバタ　　　　　　　アヤメ科
花茎は高さ80cmくらいまでの多年草。葉は剣状で幅20〜30mmと広く、中脈はない。花は青紫色で外花被片の基部は白〜淡黄色、ノハナショウブに似て網脈がない。内花被片は外花被片と質同じで長さ約6cmで直立。＊6〜7月。♣低。🔵北海道〜九州。♥日本：VU。❋湿地開発。

119 アヤメ　　　　　　　アヤメ科
花茎は高さ80cmくらいまでの多年草。葉は剣状で幅5〜10mmと狭く、中脈はあるが目立たない。花は青紫色で外花被片の基部は黄白色で青紫色の網脈がある点でノハナショウブやカキツバタと違う。内花被片は外花被片と質同じで長さ約4cmで直立する。＊6〜7月。♣低。🔵北海道〜九州。

120 ヒオウギアヤメ　　　　　　　アヤメ科
花茎は高さ80cmくらいになる多年草。葉は剣状で幅15〜30mmと広く、中脈は目立たない。花は青紫色で外花被片はアヤメに似るが、花茎は分枝し、内花被片が長さ1cmくらいで目立たない。日本のアヤメ属では最も北まで分布し、千島列島全体には本種が分布する。＊6〜7月。♣低。🔵北海道〜本州中部。

121 エゾノミズタデ　　　　　　タデ科
水生ときに陸生になる多年草。茎に下向きの刺毛がない。葉は長楕円形で長柄があり先は鈍形，基部は切〜浅心形，長さ7〜10cm。総状花序は密に花をつけ，直立，長さ2〜4cm。花はピンク〜白色，花弁状の萼は5裂。✽7〜9月。♣低〜池。🔵北海道〜本州中部。♥北海道：VU。✹湿地開発，水質悪化。

122 エゾハコベ　　　　　　ナデシコ科
高さ5〜20cmになる多年草。茎は直立し毛がない。葉は線状長楕円形，先は鈍形，長さ10〜15mm。花は腋生し柄は1〜3cm。萼片は鋭形で長さ4〜5mm，花弁は2深裂し萼と同長かやや長い。✽7〜9月。♣草(海岸近くの湿地)。🔵北海道(東部に多い)。♥日本：EN北海道：VU。✹湿地開発。

123 ナガバツメクサ　　　　　　ナデシコ科
高さ30〜50cmの多年草。茎は株状で上部やや枝を分け，細かい粒状突起がある。葉は無柄で長さ15〜25mm，幅1.5〜2.5mmの線形，鋭頭。花は頂生する集散花序につき，萼片は卵形，鈍頭。花弁は2深裂で萼より少し長い。蒴果。種子は卵円形。✽6〜7月。♣低〜草。🔵北海道〜本州北部。

124 エゾオオヤマハコベ　　　　　　ナデシコ科
高さ50〜80cmの多年草。茎は四角形で上部は分枝して毛がある。葉は対生で無柄，披針〜広披針形，先は鋭尖形，長さ5〜12cmで両面に絹毛がある。花は集散状につき，萼片は長さ6〜8mm。花弁は白色，広倒卵形で多くの裂片に裂け，長さ6〜11mm。✽7〜8月。♣低〜草。🔵北海道〜本州北部。

125 **ヒメイチゲ** キンポウゲ科
花茎の高さ5〜15cmの多年草。地下茎に紡錘状に膨らんだ部分とへこんだ部分がある。根出葉は1回3出複葉で小葉は倒卵状楕円形、粗い鋸歯がある。花茎の茎葉は3枚が輪生し、3全裂、裂片は線状披針形で鋸歯がある。花弁状の萼片は5〜7mm長、5枚で長楕円形。❋5〜6月。♣草〜林。🔵北海道〜本州。

126 **エゾイチゲ** キンポウゲ科
花茎5〜18cmになる多年草で、ヒメイチゲに似るが地下茎の太さは一様である。茎葉は3枚が輪生し、3全裂、裂片は幅広く卵状長楕円形。花弁状の萼片は10〜12mm長、5〜7枚でより大きく楕円形である。ヒロハヒメイチゲの名もある。❋5〜7月。♣草〜林。🔵北海道。

127 **フタマタイチゲ** キンポウゲ科
花茎の高さ40〜80cmになる多年草。茎は二又様に分枝。花茎には数対の対生する茎葉。茎葉は無柄、対生する葉の基部は多少とも合着し、3深裂、上部はしばしば3浅裂し粗い鋸歯がある。花弁状の萼片は5枚で楕円形。❋6〜7月。♣草。🔵北海道(東部に多い)。❤日本：VU、北海道：R。✹湿地開発。

128 **エゾノハクサンイチゲ** キンポウゲ科
花茎15〜40cmになる多年草。根出葉は長柄があり葉身は短い小葉柄のある3小葉に分かれ、側小葉はさらに2深裂する。茎葉は4枚で輪生し無柄、細い片に欠刻する。葉や花茎に白い長毛を密生する。花は1〜5個散形状につけ、花弁状の萼片は5〜7枚。❋6〜7月。♣草(高山帯)。🔵北海道〜本州北部。

129**オオバイカモ**　　　　　　　キンポウゲ科
茎は長さ2～3mになる多年生水草。沈水葉の長さは4～9cm，葉柄は10mm長。葉身は3～4回3出し，裂片はさらに2分裂して糸状。花柄は4～7cmあり花の直径は2cm以上。花弁は5～6枚あり倒卵形で長さ8～12mm。雄しべ11～18本。花床は有毛。✱6～8月。♣川(流水中)。🔵北海道(釧路湿原)。

130**バイカモ**　　　　　　　　キンポウゲ科
茎は長さ1～2mになる多年生水草。沈水葉は長さ2～7cm，葉柄は5～20mm長。葉身は分裂して最終裂片は糸状になる。稀に扇形の浮葉をだすイチョウ型がある。花柄は長さ3～5cmで花は径1.5～2cm。花床は有毛。✱6～8月。♣川(流水中)。🔵北海道～本州。❤北海道：R。✻水質悪化，河川改修。

131**カラマツソウ**　　　　　　キンポウゲ科
高さ50～120cmになる多年草。茎に縦筋があり上部で分枝する。茎葉は3～4回3出複葉で，小葉の先は浅く裂ける。托葉と小托葉が目立つ。花序は複散房状。瘦果は5～10個。果体は楕円形で縦に3～4本の翼があり，基部長柄となり果期にはぶら下がる。✱6～8月。♣低～中，草。🔵北海道～本州。

132**エゾカラマツ**　　　　　　キンポウゲ科
高さ50～80cmの多年草でカラマツソウに似る茎葉は2～3回3出複葉。托葉と小托葉がある。托葉は膜質ほぼ全縁で広く，少し開出，小托葉は小形。花序は散房状。瘦果は8～15個，果体は卵形で隆起する8稜があり基部ほとんど無柄。✱6～7月。♣低～中，草。🔵北海道。

133 ミツバオウレン　　　　キンポウゲ科
花茎の高さ5～10cmの多年草。黄色く細い地下茎が横に這う。根出葉はやや厚く光沢があり，3出複葉，小葉は倒卵形で浅い切れ込みと不整の鋸歯がある。花茎先に1個の花を頂生。花弁状の萼片は5枚で長楕円形。袋果は4～7mmの柄をもち輪状に開出する。✼6～8月。♣中～高，草。🔵北海道～本州中部。

134 ヒツジグサ　　　　スイレン科
地下茎が太短い多年生水草。長柄のある浮葉の葉身は卵円～楕円形で8～19cm，無毛。萼片は緑色で4枚，花弁は8～15枚，白色で鋭頭。雄しべ多数。果実は水中で成熟し海綿質，卵円形で萼片に包まれ目立たない。種子に種衣がある。右下写真はエゾベニヒツジグサ。✼6～9月。♣池(低～高)。🔵北海道～九州。

135 モウセンゴケ　　　　モウセンゴケ科
花茎の高さ6～20cmの多年草。葉は根生し長柄がある。葉身は長さ5～10mmの倒卵状円形で赤色の消化腺毛がある。総状花序は最初わらび巻き状，片側につく花が日を追って咲く。天気が悪いと開かず自花受粉する。種子は両端に尾部。✼6～8月。♣中～高(日当たりよい酸性の貧栄養地)。🔵北海道～九州。

136 ナガバノモウセンゴケ　　　　モウセンゴケ科
花茎の高さ10～20cmの多年草。モウセンゴケに似るが，葉身が線状倒披針形で長さ3～4cm，幅3～4mmである点で違う。種子は両端鈍形で披針形。サジバモウセンゴケはモウセンゴケとの自然雑種。✼7～8月。♣高。北海道(大雪山系，北部)～本州(尾瀬)。❤日本：VU，北海道：EN。❋湿地開発。

39

137 エゾワサビ　　　アブラナ科
高さ20〜50cmになる多年草。茎は分枝し,花後倒れて匐枝となる。葉は頭大羽状複葉で頂小葉が大きく側小葉は小さく,3〜5小葉ときに単葉となる。茎上部の葉は単葉で深く切れ込む。花弁は大きく長さ7〜10mm。長角果は線形で長さ15〜30mm。✱6〜7月。♣川〜林(山地)。🔵北海道〜本州北部。

138 アイヌワサビ　　　アブラナ科
高さ30〜80cmの多年草。茎やや太くて直立,根元から匐匍枝をだす。葉は羽状複葉で小葉は5〜11枚,エゾワサビと混同されていたが頂小葉が特に大きくなることなく側小葉とほぼ同形。小葉は長卵形で切れ込みは目立たず浅い。花は大きく径1.5cmくらい。✱6〜7月。♣川〜林。🔵北海道。

139 ハナタネツケバナ　　　アブラナ科
高さ約30cmの多年草。茎の下部は少し這うか斜上する。茎葉は羽状に深く裂け,羽片は線形。根出葉には長い柄がある。花は淡紅〜白色で散房状につく。花弁は大きく長さ6〜8mm,萼片の長さの3倍ある。✱6〜7月。♣中〜高。🔵北海道(東部)。♥日本：VU,北海道：VU。🟣湿地開発。

140 オオバタネツケバナ　　　アブラナ科
高さ20〜60cmの多年草。タネツケバナは1〜越年草。茎は太くやや無毛。葉は頭大羽状複葉,側小葉は1〜6対,頂小葉は側小葉より著しく大きい。小葉に短い柄があり,縁は不規則に切れ込み,裂片は鈍頭。花弁は長さ3.5〜6mm。長角果は長さ20〜30mm。✱5〜6月。♣川〜林。🔵北海道〜九州。

141 エゾノジャニンジン　　　アブラナ科
高さ20～40cmになる多年草。葉は羽状複葉で側小葉は2～5対。茎葉の小葉は無柄、長楕円～披針形で細長くしばしば深く切れ込む。花弁は長さ7～8mm。果実は長角果。✱6～7月。♣林(やや湿った渓畔沿い)。🔵北海道(日高)。❤日本：VU。✹湿地開発、林道工事。

142 オランダガラシ(クレソン)　　アブラナ科
ユーラシア原産で野生化したとされる高さ20～70cmの多年草。抽水あるいは沈水状態でも生育。茎の下部は這い、先は立ち上がる。葉は羽状複葉で3～9枚の小葉、広卵～披針形で著しい欠刻はない。縁に少数の半透明の腺点がある。花は径4～5mm。✱5～8月。♣川(清流のほとりに群生)。🔵北海道～九州。

143 ワサビ　　　アブラナ科
高さ20～40cmの多年草。地下茎は太く径1～2cm、多数の節がある。根出葉には長柄があり葉身は円形で基部心形、縁に波状の鋸歯。花の基部に葉の変化した苞をつけ、総状花序となる。花柱の長さ2mm。✱4～6月。♣川(山地の渓流縁など)。🔵北海道(一部は移植されたものの残存)～九州。❤北海道：R。

144 ユリワサビ　　アブラナ科
ワサビに似るが、高さ10～30cmのより小さい多年草。地下茎は径1～2mmと細くて短い。花茎は花時やや斜上する。花の基部に苞があり総状花序は花がまばらに10個内外つく。花柱の長さ0.5～0.7mm。✱4～5月。♣川(山地の渓流縁など)。🔵北海道(南部に多い)～九州。

145 フキユキノシタ　　　ユキノシタ科
根茎は太く横に這い，花茎は15〜50cm，ときに80cmにもなる多年草。根生葉は柄が長く，葉身はややつやがあり卵形〜卵円形で基部は心形，4〜13cmで縁に不整の鋭い鋸歯がある。15cm以上にもなる円錐花序にややまばらに多数の花をつける。＊7〜9月。♣川〜林(山中の渓流沿い)，🔵：北海道〜四国。

146 ウメバチソウ　　　ユキノシタ科
花茎は10〜50cmで1〜数本が直立する多年草。茎は角ばり無毛。茎葉は無柄で多少茎を抱き葉身は卵〜広卵形で長さ幅共に1〜3cm。根出葉は長柄がある。花は径2〜2.5cm，5本の仮雄しべは先に小球をつけた糸状に15〜22裂する。＊8〜9月。♣中〜草。🔵北海道〜九州。

147 オニシモツケ　　　バラ科
高さ1〜2mになる多年草。葉は有柄の羽状複葉で，頂小葉は大きく円〜偏円形で幅15〜25cm，掌状に5中裂，縁に重鋸歯または欠刻状の重鋸歯がある。側小葉は極めて小形で数対，托葉は草質で緑色。花は小形で径6〜8mm，白色。袋果の両側に著しい縁毛。＊7〜8月。♣低〜草。🔵北海道〜本州中部。

148 ナガボノシロワレモコウ　　　バラ科
高さ80〜100cmくらい，上部で分枝する多年草。根出葉は11〜15小葉からなる羽状複葉。小葉は線状長楕円形，三角形の粗い鋸歯がある。花穂は太い円柱形で白色からときに赤味を帯び，数〜10個以上が枝先につき点頭する葯は黒い。＊8〜9月。♣低〜草。🔵北海道〜本州。

149 チングルマ　　バラ科
花茎は高さ10～20cmになる匍匐性の小低木。葉は7～9枚からなる羽状複葉。小葉は狭倒卵形、鋭頭で長さ6～15mm。縁に不整の切れ込みと鋸歯、光沢がある。花は1個頂生し、径2～3cm。痩果の花柱は著しくのびて羽毛状、長さ3cmほどになる。✱7～8月。♣草（高山帯に多い）。❀北海道～本州中部。

150 ホロムイイチゴ　　バラ科
花茎は高さ5～20cm、地下茎が這って分枝する雌雄異株の多年草。葉は幅4～7cmの偏円形で浅く3～5裂し鈍頭、低い鋸歯があり基部心形。やや乾質で脈がへこむ。花は1個頂生する。花弁は5枚、長さ10～15mm。集合果は径12mm、赤く熟す。✱6～7月。♣高。❀北海道～本州北部。

151 ツボスミレ　　スミレ科
茎はやや倒れて広がり高さ30cmまでの多年草。地下茎は短く、地上茎があり、葉は偏心～三角状偏心形で基部は広く湾入する。托葉は緑色で少数の鋸歯があるか全縁。花は茎上につき小形で白色。唇弁に紫色の条線があり、他弁より短く、側弁に少し毛。✱5～6月。♣低～林。❀北海道～九州。

152 アギスミレ　　スミレ科
地下茎短く、地上茎は斜上するか倒伏する長さ30cmまでの多年草。ツボスミレの変種で、葉が三日月形で基部の湾入が極めて広いものをいう。托葉は緑色で少数の不明鋸牙があるか全縁。花は茎上につき小形白色で、ツボスミレと同じ。✱5～7月。♣低～林。❀北海道～本州北部。

153 **チシマウスバスミレ**(ケウスバスミレ)　スミレ科
タニマスミレに似る小形の多年草で地上茎はない。地下茎をのばして盛んに増える。葉の表面縁近くにまばらに毛があり、ウスバスミレの変種とされる。花は白色で小形、長さ7〜8mm。❋5〜6月。♣高〜草。🔷北海道(東部)〜本州中部。❤日本：VU、北海道：R。✺湿地開発。

154 **シロスミレ**(シロバナスミレ)　スミレ科
花柄7〜15cmになる地上茎のない多年草。地下茎は短く、少数の太くて長い根がある。葉は少数で立ち、三角状披針〜長楕円状披針形で長さ2.5〜7cm、鈍頭で基部は切形または柄に細まる。葉柄は葉身より長く上方に翼がある。花弁は長さ10〜13mm、側弁に毛がある。❋5〜6月。♣低〜草。🔷北海道〜九州。

155 **ヒシ**　ヒシ科
浮葉をもつ一年生の水草。浮葉は放射状に密生、上面は無毛で光沢があり、三角状菱形で上半部に三角状の鋸歯があり、径2.5〜5cm。葉柄は長くて10〜20cmあり、中央部は膨らむ。花は径約1cm。石果は倒三角形で左右の両端は刺となり、刺の先に下向きの小刺がつく。❋7〜9月。♣池。🔷北海道〜九州。

156 **オオバセンキュウ**　セリ科
高さ60〜180cmになる多年草。葉は1〜2回3出羽状複葉になり、小葉は長卵〜広披針形重鋸歯がある。羽片が下方へ曲がるのが特徴。多くの花序をだし、小総苞片があり、萼歯片はない。分果の側隆条は広くて薄い翼をなす。❋7〜9月。♣川(山地)。🔷北海道〜本州中部。

157 **ドクゼリ** セリ科
高さ約1mになる多年草。地下茎は太く節間部が中空になる。茎は著しく分枝し，葉は2〜3回羽状複葉で小葉は長楕円状披針形で鋸歯がある。花は複散形花序で総苞片はなく小総苞片は数枚。萼歯片は広三角形。果実は球形で翼はない。✲6〜8月。♣草。🟦北海道〜九州。

158 **セリ** セリ科
高さ20〜80cmの多年草。根は細く，茎は稜角があり，基部は長く這う。葉は1〜2回3出羽状複葉で小葉は卵形で軟らかく，粗い鋸歯がある。大散形花序は葉と対生してつく。萼歯片は長三角形で宿存。果実は楕円形，分果の隆条は太くて低い。✲7〜9月。♣田〜草。🟦北海道〜九州。

159 **トウヌマゼリ** セリ科
高さ60〜100cmになる多年草。茎は枝分かれし，葉は単羽状複葉をなし小葉は7〜17枚ある。小葉は長さ5〜15cm，線〜披針形，鋸歯がある。総苞片や小総苞片は広線形。萼歯片は目立たない。✲7〜9月。♣草。🟦北海道〜本州。小葉数が少なく幅広いものが変種ヌマゼリ(❤日本：EN)。✽湿地開発。

160 **シラネニンジン** セリ科
高さ10〜30cmの小形の多年草。根茎は太くやや短い。葉は2〜3回羽状複葉に細裂し，裂片は卵〜線形で幅1〜3mm。表面光沢があり，平滑で無毛。複散形花序に総苞片と小総苞片とがある。萼歯片は微少。果実は卵形で長さ3〜4mm。✲8〜9月。♣草(高山帯)。🟦北海道〜本州中部。

45

161 **ハクサンボウフウ** セリ科
高さ30〜90cmになる多年草。葉は3出単羽状から1〜2回3出複葉。小葉は広披針〜広卵形で粗い鋸歯があり、不規則に浅裂する。花序にはふつう総苞片や小総苞片がない。萼歯片は小形だが披針形で目立つ。果実は長楕円形で長さ8〜10mm。＊7〜9月。♣草(亜高山〜高山帯)。🌀北海道〜本州中部。

162 **エゾゴゼンタチバナ** ミズキ科
高さ5〜20cmほどの多年草。ゴゼンタチバナに似るが、上部の葉が輪生状にならず、4〜5対対生する。総苞片は4枚、花弁状で広卵形、白色。花は暗紫色で8〜25個。石果は球形で赤く熟す。＊6〜7月。♣高(湿原の縁)。🌀北海道。❤日本：EN、北海道：R。🌸湿地開発。

163 **ハイハマボッス** サクラソウ科
高さ10〜30cmの多年草。茎細く、全株無毛。葉は互生し倒卵〜広楕円形、長さ2〜6cm、幅1〜2cm。やや薄質で裏面に赤褐色の細点が散生。10〜20個の花をまばらな総状花序につける。花柄斜開する。蒴果は球形で径2.5mm。＊7〜8月。♣塩。🌀北海道〜本州。❤日本：VU、北海道：VU。🌸湿地開発。

164 **コツマトリソウ** サクラソウ科
高さ5〜15cmほどの多年草。ときに細い地下茎が長く匍匐する。茎の先に5〜10枚の葉をやや輪生状につけ、花の径は1〜1.8cm。ミズゴケ湿原に生えるものは、全体小形で葉先が円いのでツマトリソウの変種として分けるしかし中間型があり区別は難しい。＊6〜7月。♣高。🌀北海道〜本州。

165 ミツガシワ　　　　　　ミツガシワ科
花茎の高さ40cmまでの多年草。太い根茎は横に這い，根出葉は3小葉からなる。20～30個の花が総状花序につく。花冠は径10～15mm，漏斗形で5中裂し，裂片内面に縮れた長毛が密生。蒴果は球形で径5～7mm。種子は円形扁平で径2～3mm。＊5～7月。♣池(浅い水中に抽水状に生える)。🟦北海道～九州。

166 イワイチョウ　　　　　　ミツガシワ科
花茎の高さ40cmまでの多年草。根出葉は腎形で質厚く，長さ幅共3～10cm，表面光沢があり縁に細かい鈍歯がある。花は花茎の先に集散花序につき，花冠は漏斗形白色で径12mm内外，5深裂し，裂片は狭卵形で縁に波状のしわがある。＊7～8月。♣中～草(亜高山帯)。🟦北海道～本州中部。

167 エゾムグラ　　　　　　アカネ科
長さ20～40cmになる多年草。茎は横に広がって斜上，稜に下向きの刺がまばら。葉は5～6枚輪生し，倒披針形で長さ8～15mm，幅2～4mm。鋭尖頭，先端は刺状突起となる。果実は曲がったごく短い毛で覆われる。＊6～8月。♣草。🟦北海道(東部に多い)。❤日本：VU。✺湿地開発。

168 ホソバノヨツバムグラ　　　　　　アカネ科
茎は細く斜上して長さ20～50cmの多年草。4稜の上にごく少数の下向きの刺。葉は4～5(6)枚輪生し，狭長楕円～倒披針形で先は円形，長さ0.5～2cm。縁と裏面中脈上にわずかに下向きの刺状毛がある。花をまばらにつけ花冠は白色で3(稀に4)裂し，果実は無毛。＊6～8月。♣草。🟦北海道～九州。

169 アカネムグラ　　　　　　　　アカネ科
高さ20〜60cmの多年草。地下茎は細く匍匐し、茎やや太く直立し4稜にまばらに下向きの小刺がある。葉は4枚輪生し披針形で先は尖り、長さ3〜8cm、幅0.4〜1.5cm。基部狭まる。上部葉腋に集散花序をつける。花冠は径3mm、子房は無毛。＊6〜8月。♣草。🔷北海道〜本州中部。

170 シロネ　　　　　　　　シソ科
高さ80〜120cmの多年草。地下茎は太く匍匐し、地上茎は四角で分枝せず直立。葉は対生し広披針〜狭長楕円形、硬く光沢がありほとんど無柄、長さ8〜15cm、幅1.5〜4cm。先は鋭く尖り、縁に鋸歯。萼は5中裂し、裂片は鋭く刺状に尖る。＊7〜9月。♣草。🔷北海道〜九州。

171 ヒメサルダヒコ　　　　　　　　シソ科
高さ10〜40cmになる多年草。コシロネに似るが、茎は下部が地を這って著しく多数分枝する。葉は対生し菱状狭卵〜披針形で先は鈍く、縁に粗い鈍鋸歯があり基部楔形。質薄く光沢なく、長さ3〜4cm、幅1〜2cm。萼は5中裂し裂片の先は刺状に尖る。＊7〜9月。♣草。🔷北海道〜九州。

172 コシロネ　　　　　　　　シソ科
高さ20〜80cmとなる多年草。茎は直立するが基部やや這い、上部はしばしば微細な上向き突起があり、節には白毛がある。葉は菱状狭卵〜披針形で先は鈍く、基部は楔状に細るヒメサルダヒコの変種とされ、茎があまり分枝せず直立するもの。＊7〜9月。♣草。🔷北海道〜九州。

173 ヒメシロネ　　　シソ科
高さ30〜70cmになる多年草。茎は四角、全体無毛だが節に少し白毛がある。葉は対生し披針〜広披針形でやや硬く鋭尖頭をなし、はなはだ短い柄があり、長さ4〜8cm、幅5〜15mm。下部の葉はやや羽状欠刻様となる。萼は5中裂し裂片は刺状に尖る。＊7〜9月。♣草(山地)。❄北海道〜九州。

174 エゾシロネ　　　シソ科
地下茎をひく多年草。地上茎は高さ20〜40cm、4稜があり全体に微細毛がある。葉は対生し菱状卵形でやや薄く、縁に鈍頭の鋸歯がまばらにあり、質薄く光沢なく、長さ2〜7cm。花は葉腋に密につき、萼歯は三角形、鈍頭。花冠は長さ約2mm。＊7〜9月。♣草。❄北海道〜九州。

175 ヒメナミキ　　　シソ科
高さ20〜40cmの多年草。茎繊細で直立し全体やや無毛。葉は質薄く、1〜3mmの葉柄があり狭卵状三角形で先は鈍く、長さ1〜2cm、幅6〜10mm。1〜2対の低鋸歯がある。花は葉腋に1個ずつつき花冠の長さ約7mm、基部わずかに曲がる。＊6〜8月。♣草。❄北海道〜九州。

176 キタミソウ　　　ゴマノハグサ科
茎が泥上を這う多年草。葉は根際につき、柄含め1.5〜5cm長。狭長楕円形で下部はしだいに狭となり全縁。花柄15mmほどで1花。花は長さ2.5mm。萼は鐘形で浅く5裂、花冠は鐘形で先は5裂。蒴果は長さ2.5mm。＊6〜9月。♣草〜川(湿泥上)。❄北海道〜九州。♥日本：CR、北海道：CR。✹湿地開発。

177 サワシロギク　　キク科
高さ50～60cmの多年草。地下茎は細長く這い、茎は直立して無毛。葉は線状披針形でやや硬く、表面の脈がへこみ、縁に微硬毛があってざらつく。中部の葉で長さ7～10cm、下部では長柄をもつ。頭花は少なく径3cm弱。舌状花は白色。＊8～9月。♣中(低地)。北海道(中央部に稀)～九州。

178 シロバナニガナ　　キク科
高さ40～70cmの多年草。根出葉は長さ20cmになり、広披針～広倒披針形でさまざまに切れ込み、基部細く長柄がある。茎葉は基部耳状で茎を抱く。ハナニガナの白花品種(学名上はシロバナニガナの方が基準品種)で、ハナニガナと同所的にでてくる。＊6～8月。♣草。北海道～九州。

179 ヘラオモダカ　　オモダカ科
高さ40～130cmの直立する花茎をのばす多年草。根生葉は質やや薄く、披針～狭長楕円形で全縁、5～7脈、鋭尖～鋭頭で鈍端、基部はしだいに狭くなり葉柄に移行する。花茎は3個ずつの枝を複輪生する円錐花序をつくり花は両性。痩果背面に深い1条溝がある。＊7～9月。♣低～田。北海道～九州。

180 サジオモダカ　　オモダカ科
高さ40～130cmの花茎をのばす多年草。葉は根生し、葉身は楕円形で基部は円く葉柄との境は明瞭。幅3～7cm。花茎は3個ずつ輪生する分枝を繰り返す。花は両性。花弁3枚、雄しべ6本、心皮は多数。果実は偏平な倒卵形の痩果。背面に浅い2本の溝がある。＊7～9月。♣低～田。北海道～本州北部。

181 オモダカ オモダカ科
高さ20〜80cmの直立する花茎をだす多年草。根出葉は若い個体では線形で沈水性、後の葉は長柄があって抽水し、葉身は矢じり形。花茎は3個ずつ花を輪生するが大きなものでは複輪生となる。花は単性、花床は球形に膨らみ、雄しべ9本以上。✱7〜9月。♣低〜田、池。♣北海道〜九州。

182 トウギボウシ(オオバギボウシ) ユリ科
花茎は高さ1mにも達する多年草。タチギボウシに似るが、葉身は長さ18〜23cm、幅10〜13cm、基部円形から心形で柄に流れない。葉脈の数は両側に10〜13本とより多く、花色は白色あるいは淡紫色とより薄い。✱7〜8月。♣低〜林(森林や林道の湿った縁)。♣北海道(南西部に多い)〜九州。

183 バイケイソウ ユリ科
高さ150cmにも達する大形の多年草。茎葉は広楕円形で長さ20〜30cm、幅20cm内外。基部は鞘になって茎を囲む。花は茎頂に大形の円錐花序につき緑白色。子房に毛あるいは毛状突起があり、雄しべは花被片の半長。✱6〜8月。♣低〜中(平〜山地の湿地)。♣北海道〜本州。

184 コバイケイソウ ユリ科
高さ100cmに達する多年草。バイケイソウに似るが植物体はより小さく、子房に毛がなく雄しべが花被片より長く、花色もより白い。葉裏特に脈上に突起毛のあるものをウラゲコバイケイ(♥北海道：R)として分けることがある。✱6〜8月。♣低〜高(山地〜亜高山帯の湿地)。♣北海道〜本州中部。

51

185 マイヅルソウ　　　　　　ユリ科
高さ25cmまでの多年草。地下茎は長く這い群生することが多い。茎葉はふつう2枚つき，卵心形の葉身は長さ3〜7cm，縁に沿って緩やかに曲がる葉脈が特徴。花は茎頂に総状につき白色。花被片は4個，楕円形で平開して先は反り返る。液果は球形，赤色に熟す。❋6〜7月。♣低〜林。🝆北海道〜九州。

186 オオバナノエンレイソウ　　　ユリ科
高さ40cm前後の多年草。地下部は太く短い横向きの根茎。葉は茎頂に3輪生し脈は網状。茎頂の花柄先に1花をつける。花弁は大きく先が尖らず，雄しべの先は雌しべ先端を抜くほど長い。葯は花糸よりずっと長い。液果は3稜球形。❋5月。♣低〜林(低地のハンノキ林やヤチダモ林)。🝆北海道〜本州北部。

187 ヒメカイウ　　　　　　サトイモ科
径1〜2cmの根茎で増え，群生する多年草。葉は心形で全縁，長さ幅共に7〜14cm，円柱状の葉柄は10〜25cm。花茎は根生し仏炎苞は筒部がなく広卵〜広楕円形，白色で長さ4〜6cm。液果は球形で赤く熟す。❋6〜7月。♣低〜池(貧栄養の水湿地)。🝆北海道〜本州北部。

188 ミズバショウ　　　　　サトイモ科
花序は葉に先立って開き，白色の仏炎苞は長さ8〜15cmと大きい。筒部は長く，鈍部は楕形。葉は花後成長して1mにもなり，楕円〜狭長楕円形で軟らかく全縁。液果は花軸に埋まり緑色に熟す。❋4〜6月。♣低〜高(湿った林床から緩い流れの縁)。🝆北海道〜本州。

189 ミクリ ミクリ科
高さ50〜100cmのやや大形の多年生抽水植物。地下茎で増えるため群生する。葉の幅8〜15mmで広く、背面に稜がある。花茎全体が大きく、長さ30〜50cm、分枝する。✻7〜9月。♣川（緩い流れ）。稀ではないが改変されやすい側溝などに多い。🌀北海道〜九州。♥日本：NT，北海道：R。✺河川・水路改修。

190 ヒメミクリ ミクリ科
高さ30〜90cmの多年生抽水植物。葉は茎より長く、幅3〜5mm。花茎は分枝せず2〜4雌性頭花が着生、ときに下部で枝1〜2本だし分枝する。分枝した枝には0〜2雌性頭花，数個の雄性頭花。主軸には5〜11雄性頭花。果実は倒卵形。✻7〜9月。♣池〜草。🌀北海道〜九州。♥日本：VU，北海道：R。

191 エゾミクリ ミクリ科
多年生の抽水〜浮葉（沈水）植物。抽水時は高さ40〜60cm，浮葉（沈水）状態で全長160cmになる。花茎は分枝しない。3〜4個の雌性頭花があり，ふつう最下頭花は有柄で腋性，2番目以降は腋上性だが，変異が大きい。雄性頭花は4個以上。✻7〜9月。♣池〜川。🌀北海道〜本州。♥北海道：R。

192 タマミクリ ミクリ科
高さ30〜80cmの中形の多年生抽水植物。葉の幅5〜12mm。花茎は分枝しない。エゾミクリに似るが，雄性頭花が1〜2個と少ない。上部の雌性頭花が果時に密に接近する。高山でときに葉幅2〜4mmの浮葉となる型は，変種ホソバタマミクリとされる。✻7〜8月。♣池〜川。🌀北海道〜本州。♥日本：VU。

193 ナガエミクリ　　　　　　　　　　ミクリ科
多年生の抽水〜浮葉植物で、高さ70〜130cm。花茎は分枝せず雌性頭花が3〜7個、雄性頭花が4〜9個と多くエゾミクリに似るが、雌性頭花の少なくとも下部1〜3個が腋性になる。紡錘形の果実は他種の果実に比べると細長い。✱7〜9月。♣池〜川。🔵北海道(主に南西部)〜九州。

194 ウキミクリ　　　　　　　　　　ミクリ科
多年生の浮葉植物でホソバウキミクリに似て葉の長さ100cmまで、幅1〜2mmと狭い。花茎が分枝する点でホソバから見分けられる。枝には雌性頭花が1〜3個離れてつき上部で着生。雄性頭花は最上の雌性頭花から離れて1〜4個がつく。♣池(亜高山帯)。🔵北海道(日本海側山地)〜本州中部。♥日本：EN。

195 チシマミクリ　　　　　　　　　　ミクリ科
ウキミクリに似る多年生の浮葉植物で、葉の幅2〜4mm、長くのび背面に稜がない。花茎は分枝しない。雌性頭花は2〜3個、下部のものは腋生、上部で腋上〜着生。雄性頭花は1〜2個が雌性頭花に接近してつく。花柱は極めて短い。✱7〜8月。♣池(亜高山帯)。🔵北海道。♥日本：EN、北海道：R。

196 ホソバウキミクリ　　　　　　　　ミクリ科
多年生の浮葉植物。葉は幅1〜3mmで長さ80cmまで、背面に稜なく、水面に浮かぶ。花茎は分枝しない。雌性頭花は腋〜腋上生で3〜4個、上部で柄なく着生。雄性頭花は2〜4個、最上雌性頭花から離れてつく。✱7〜8月。♣池(亜高山帯)。🔵北海道〜本州。♥日本：VU、北海道：R。

197 ミズトンボ　　　　　　ラン科

高さ40〜70cmの多年草。葉は数枚つき線形，長さ5〜20cm，幅3〜6mm。花蕾はやや四角形。花は淡緑白色で径8〜10mm。唇弁の側裂片は少し上部に向かい，開出。距は長さ約15mm，先端が急に膨らむ。✽7〜9月。♣低〜中。🅱北海道(南部)〜九州。❤日本：VU，北海道：R。✻湿地開発。

198 ヒメミズトンボ　　　　　ラン科

高さ25〜50cmで葉6〜7枚ある多年草。葉は長さ6〜11cm。花は白色，距は先端がしだいに膨らむ。オオミズトンボに似るが花は小形で，側萼片，唇弁，距の長さが，それぞれ5mm，10mm，5〜12mmで一回り小さい。✽7〜8月。♣低〜中。🅱北海道〜本州中部。❤日本：CR，北海道：VU。✻湿地開発。

199 ミズチドリ　　　　　　ラン科

高さ50〜90cmの多年草。肥厚した根は水平に伸長。葉は5〜12枚が互生し，下方のものは線状披針形，大形で長さ10〜20cm，幅1〜2cm。多数の白色の花を穂状につけ，花に芳香がある。距は萼より長く，細く下垂して長さ10〜12mm。✽6〜7月。♣草。🅱北海道〜九州。

200 エゾチドリ　　　　　　ラン科

高さ20〜50cmの多年草。下部に2枚の葉が対生状につく。葉は長楕円形で長さ8〜15cm，幅3〜5cm，鈍頭。上部の葉はしだいに小さくなる。オオヤマサギソウに似るが，花は白色でより大形。唇弁は長さ1〜1.3cmで肉質。距は長さ2〜2.5cmと長く先端やや太い。✽7〜8月。♣草〜林。🅱北海道。

201 カンチヤチハコベ　　　ナデシコ科
高さ5〜40cmの多年草。茎は株状になりよく分枝する。葉は線状長楕円形、先は鋭形で長さ5〜20mm。花はまばらな集散花序。萼片は4〜5枚で披針形、3脈あり、花弁は萼より短いかときにない。＊7〜8月。♣草(高山帯)。🔵北海道(大雪山系など)、本州中部。❤日本：CR、北海道：R。

202 ゴキヅル　　　ウリ科
つるになる一年草。葉は互生し三角状披針形で鋭頭、長さ3〜10cm、ときに3〜5浅〜中裂する。雌雄同株で雄花は総状につき、雌花は雄花序の基部につく。果実は卵形で上半がふたのように外れるのが特徴。中に偏平な種子が2個ある。＊7〜9月。♣低。🔵北海道〜九州。

203 オオチドメ　　　セリ科
茎の下部は地面を這い、上部は斜上し高さ20cmほどの多年草。葉は径2〜3cmの円形、基部心形、浅く切れ込み鈍い鋸歯がある。表面つやがある。花序は斜上した茎の葉腋からでて葉より長くのびる。小さな花からなる単散形花序をつくる。＊6〜9月。♣草。🔵北海道〜九州。

204 アオノツガザクラ　　　ツツジ科
高さ10〜30cmの常緑小低木。葉は線形で縁に微少な鋸歯があり、長さ8〜14mm、幅約1.5mm。中脈の裏面に白毛の生える条がある。枝先に4〜10個の下向きの花をつける。花柄や萼片に腺毛がある。萼片は緑色、花冠は壺形で黄緑色。＊7〜8月。♣草(高山帯の雪渓わき)。🔵北海道〜本州中部。

205 ネバリノギラン　　ユリ科

花茎の高さ20～40cmの多年草。根生する葉は披針～倒披針形で細長く，長さ10～25cm，幅1～2cm。花茎には20個前後の花を総状につけ，花序に粘着性の腺毛があるのが特徴。花被は壺形で長さ6～8mm，先は6裂する。蒴果は楕円形で長さ4～6mm。✱6～7月。♣草(亜高山帯)。🟦北海道～九州。

206 ヤチラン　　ラン科

高さ5～20cmの多年草。葉は狭長楕円形で鈍頭，長さ1～2.5cm，幅4～10mmで1～3枚つける。花は淡緑色で径2.5～3mmと小さく，総状花序に多数つける。唇弁は花の上側にあり直立，三角状卵形で1.5mm長。✱7～8月。♣高(ミズゴケ中)。🟦北海道(稀)～本州中部。❤日本：EN，北海道：CR。✺湿地開発。

207 ホソバノキソチドリ　　ラン科

高さ20～40cmの多年草。中央以下に1葉があり斜開する。葉は狭長楕円～線状楕円形で長さ3～7cm，幅1～2cm。花房は長さ4～6cm，やや密に多数花をつける。花は小形で緑黄色，唇弁は肉質。距は長さ12～17mmで下垂または前方に湾曲。✱7～8月。♣草(亜高山～高山帯)。🟦北海道～本州中部。

208 コバノトンボソウ　　ラン科

高さ20～40cmの多年草。ホソバノキソチドリの一変種。茎は細く繊細。葉は1枚でやや直立し，広線形，長さ3～7cm，幅3～10mm。基部は茎を抱く。花序はまばらに数花をつける。距は長さ12～18mmで長く後方に跳ね上がるのがよい特徴である。✱6～8月。♣草。🟦北海道～九州。

209**キソチドリ** ラン科
ここではオオキソチドリ，ミヤマチドリなどを含む広義のキソチドリとして扱う。高さ15〜30cmの多年草。茎には稜がありやや繊細。葉は1枚が開出して下方につき楕円形で円頭，長さ3〜6cm，幅2〜4cm，基部少し茎を抱く。距は長さ6〜10mmで前方に湾曲する。❋7〜8月。♣林。🔵北海道〜九州。

210**シロウマチドリ（ユウバリチドリ）** ラン科
高さ25〜50cmの多年草。茎は太く稜がある。葉は数枚つき狭長楕円形で長さ5〜7cm，幅1.5〜2cm。花序は長さ約7cm，密に多数花をつけ，花は黄緑色。唇弁の長さ5mm。距は萼とほぼ同長，4〜5mm長とやや短い。❋7〜8月。♣草(高山帯)。🔵北海道，本州中部。❤日本：EN，北海道：VU。

211**タカネトンボ** ラン科
高さ8〜20cmの多年草。茎下部に2葉が対生状に接してつく。葉は円〜広楕円形でやや肉質，表面深緑色でつやがある。長さ2〜6cm，幅2〜5cm，円頭で基部は茎を抱く。唇弁は卵円形で短い。距も長さ1〜1.3mmと短く楕円形。❋7〜9月。♣草(高山帯)。🔵北海道〜本州中部。❤日本：VU。✹湿地開発。

212**コイチヨウラン** ラン科
花茎の高さ10〜20cmになる多年草。葉は1枚で長さ2〜5cmの柄があり，葉身は広卵形で長さ1.5〜3cm，幅1〜2.5cm，鈍頭で基部心形。表面に網状の脈がある。花序は2〜7花を疎生。花は平開し水平または少し点頭，距はない。❋7〜8月。♣林(暗い針葉樹林など)。🔵北海道〜四国。

213 アオミズ　　　イラクサ科

高さ30～50cmの一年草。茎は緑色で多汁質，しばしば分枝する。葉は対生し菱状卵形で長さ3～10cm，先はやや尖り基部は広い楔形。縁に三角形の鋸歯が5～10対ある。痩果は広卵形で長さ1mm前後。ときにミズと区別が難しい。＊7～9月。♣低～林(山地のやや攪乱された湿地)。🟦北海道～九州。

214 ミズ　　　イラクサ科

高さ10～30cmの一年草。茎は緑色軟弱で多汁質，無毛でやや分枝し，アオミズに似るが，葉は長さ2～5cmと小さく，鋸歯も5対内外と少なく低い。痩果は広卵形でレンズ状，淡色で褐斑があり，長さ1.8～2mmとより大形である。＊8～10月。♣低～林。🟦北海道～九州。

215 ウワバミソウ　　　イラクサ科

高さ30～40cmの多年草で雌雄異株。茎は多汁質で節が秋に肥厚する。葉は互生し2列に並び，長楕円形で左右不同，先は長い尾状になり，長さ5～12cm。縁に7～8対の鋸歯がある。雄花序に長さ1～2cmの柄があるが雌花序は無柄。＊6～7月。♣低～林(山地の湿った林縁)。🟦北海道～九州。

216 ヤマトキホコリ　　　イラクサ科

高さ20～40cm，茎は多汁質で円柱状，ウワバミソウに大変よく似た多年草。雌雄同株(稀に異株という)。茎の節は秋に肥厚しない。葉の先は尖るが長い尾状にならない。花序は無柄で雄花と雌花がまじるが，ときに有柄の雄花序がでる。＊7～9月。♣低～林。🟦北海道～九州。

217 ミヤマヤチヤナギ　　　　　ヤナギ科
高さ10cmほどの雌雄異株の矮小低木。枝は這って所々で発根。成葉は洋紙質で卵形、長さ1.8〜3cm。円頭で基部鋭形、全縁、表面は深緑色で光沢がある。雌花穂は花時長さ13〜17mm、2〜3枚の小形葉をつけた側枝に頂生。✱7〜8月。♣中〜高(高山の湿原)。🌐北海道(大雪山系)。❤日本：NT、北海道：R。

218 カラフトノダイオウ　　　　タデ科
高さ60〜150cmになる多年草。根出葉や下部の葉は長柄をもち、卵〜長楕円状卵形、基部心形、長さ約35cmで裏面脈上に毛状突起が著しい。翼状萼片は卵形、基部円形で波状鋸歯〜全縁、中脈は膨れない。✱7〜9月。♣低〜中。🌐北海道(大雪山系と東部)。❤日本：CR、北海道：R。✺湿地開発。

219 ノダイオウ　　　　　　　　タデ科
高さ1m以上になる多年草。根出葉や下部の葉は有柄で大きく、長卵状楕円形、毛状突起はない。波状縁、先は鈍形、基部はふつう円形、長さ20〜35cm。翼状萼片は波状鋸歯〜全縁、基部心形、中脈は膨れない。果柄に間節がある。✱6〜8月。♣低〜草。🌐北海道〜本州。❤日本：VU。✺湿地開発。

220 ヌマハコベ　　　　　　スベリヒユ科
高さ3〜10cmで下部は地を這う一年草。葉は対生しへら形で狭く、長さ5〜10mm。花は単出集散状にまばらで、花後下を向く。萼片2枚、花弁5枚。蒴果は球形で、種子は2〜3個、黒色円形で光沢がある。✱6〜8月。♣低(渓流縁や湿地のコケ内)。🌐北海道〜本州中部。❤日本：VU。✺湿地開発。

221 ホソバ(ノ)ハマアカザ　　　アカザ科

ハマアカザにやや似る一年草。葉は細長く，長披針〜長線形，深緑色で長さ2〜10cm，幅.5〜15mm。花は葉腋からでる総状花序につく。雌花の苞は菱状三角形で先は鋭形。種子は円形黒色，光沢があり径1.2〜1.5mm。✲8〜9月。♣塩(海岸近くの湿った砂地)。🔵北海道〜九州。

222 アッケシソウ　　　アカザ科

高さ10〜35cmになる一年草。茎は肉質無毛で対生する枝を分け，節が明らか。葉は対生するが鱗片状に退化する。花は目立たず上部の節に3個つく。秋に全草が赤く色づくことでサンゴソウの名がある。✲8〜9月。♣塩。🔵北海道(東部)〜四国。❤日本：EN，北海道：R。✹植生遷移，湿地開発。

223 アズマツメクサ　　　ベンケイソウ科

高さ2〜5cmの小形の一年草で全体無毛。葉は長さ約5mm，線状披針形で鋭頭。花は小形の4数性，ほぼ無柄で茎の上部葉腋につく。花弁は白色，長さ約1.5mm，卵状披針形で円頭。袋果。✲6〜8月。♣低〜田，塩。🔵北海道(稀)〜本州。❤北海道：R。✹湿地開発。

224 ミゾハコベ　　　ミゾハコベ科

茎は地を這って分枝する長さ3〜10cmの一年草。葉は対生し広披針〜狭卵形で長さ5〜10mm，鈍頭で全縁。花は径1mm，萼片は3枚で基部合着。花弁3枚，楕円形で鈍頭。果実は偏球形の蒴果。種子は多数，長楕円状円柱形で長さ約0.5mm。✲6〜8月。♣田。🔵北海道(南部)〜九州。

225 キカシグサ　　ミソハギ科
高さ10〜15cmの一年草。茎下部は地面を這い，上部は立ち上がり分枝する。葉はほとんど無柄で対生，倒卵〜楕円形，先は円形，長さ6〜10mm。透明な狭い軟骨部で縁どられる。花は葉腋に単生。萼筒は鐘形膜質で4裂片，花弁は小さい。雄しべ4本。蒴果は楕円形。＊8〜9月。♣田。🔵北海道〜九州。

226 チョウジタデ　　アカバナ科
高さ30〜70cmの一年草。茎は直立して多数の枝を分け稜線がある。葉は互生し短柄があり披針〜長楕円状披針形，全縁，長さ2〜10cm，幅0.6〜2.5cm。花は腋生して無柄。蒴果は絹状円柱形で4稜があり，長さ1.5〜3cm。和名は果実が丁字に似ることによる。＊8〜9月。♣田。🔵北海道〜九州。

227 ホザキノフサモ　　アリノトウグサ科
長さ30〜150cm，ときに3mにもなる多年生水草。水中にある葉は常に4輪生し，卵形で長さ1〜3cm，羽状深裂して裂片は糸状で対生。水上葉はごく小さく全縁で苞状なので，頂生する穂状花序にみえ，上部に雄花，下部に雌花をつける。果実は4分果となる。＊6〜8月。♣池。🔵北海道〜九州。

228 フサモ　　アリノトウグサ科
ホザキノフサモに似た多年生水草。水中葉は4(〜5)輪生し，長さときに3cm以上，羽状に深裂し裂片は糸状。水上葉はやや大きく多少とも羽裂し，葉腋に花をつけるが全体として穂状にもみえる。果実は卵球形で長さ約2.5mm，4溝がある。＊5〜7月。♣池。北海道〜九州。

229 タチモ　　アリノトウグサ科
湿地で高さ5～20cm，水中で約50cmになる多年生水草。水中葉は3～4枚輪生し披針～広皮針形，羽状深裂し長さ0.5～2cm，裂片は豆線形で全縁。茎上部の葉は針形，ふつうは羽裂しない。雌雄異株。石果，4溝ある。＊6～9月。♣池。✿北海道（西南～東部）～九州。♥日本：NT，北海道：R。❋湿地開発。

230 アリノトウグサ　　アリノトウグサ科
高さ10～40cmの多年草。葉は対生し上部でやや互生，無～短柄，卵～卵円形，鋭頭で基部は円形。長さ6～12mm，幅4～10mm。花は頂生する複総状花序となり枝が開出する。花は小さく下向きにつき花弁4枚。果実は石果で球形8肋条がある。＊7～9月。♣草。✿北海道～本州。

231 スギナモ　　スギナモ科
長さ50cmからときに1m以上にものびる，沈水～抽水性の多年生水草。葉は6～12枚輪生し線形で全縁。水中葉は長さ2～6cm，幅2～3mm，水上葉は長さ1～1.5cm，幅約2mm。花は水上葉の腋に単生し小さい。石果は楕円形平滑で長さ約2mm。＊6～8月。♣川～池（貧栄養の緩い流れ）。✿北海道～本州中部。

232 ガンコウラン　　ガンコウラン科
茎は細く，地を這いマット状に広がる常緑小低木。葉は互生し皮革質，長さ4～7mm，幅0.7～1mm。花は枝上部の葉腋に1個ずつつく。雌雄異株。花は小さく目立たず，雄花には長い花糸のある3本の雄しべがある。液果は球形，黒熟し，径6～10mm。＊5～6月。♣草（海岸～高山まで）。✿北海道～本州中部。

233 ミズハコベ　　　アワゴケ科
茎は細くよく枝分かれし長さ40cmほどになる一年生水草。水中葉は線形で長さ7～15mm, 幅1～1.5mm。全縁で1脈がある。水面に浮かぶ葉や水上葉は幅がより広くへら形。葉腋に単性の小さな1花をつけ雌雄同株。果実は楕円～倒卵状楕円形で長さ1～1.5mm。＊6～9月。♣川～池(水中)。☘北海道～九州。

234 チシマミズハコベ　　　アワゴケ科
長さ15～50cmほどで盛んに分枝する沈水植物。葉は対生で無柄，暗緑色で半透明，線～狭披針形で長さ8～12mm, 幅1～2mm。全縁で1脈，先端凹形。ミズハコベに似るが，果実は軍配状で周囲に明らかな翼がある。＊7～8月。♣川～池(水中)。☘北海道(阿寒地方)。❤日本：VU。❋河川改修。

235 アキタブキ　　　キク科
葉柄2m, 葉身は径1.5mに達する大形の多年草。地下茎は長くのびて分枝する。葉身は円状腎形で粗い鋸歯。雌雄異株で頭花は円錐花序につき，雌花茎は抽薹して果期には高さ1m以上。痩果は長さ3.5mm, 冠毛は長さ12mmに達し，雪白色。＊4～5月。♣草。☘北海道～本州。

236 セキショウモ　　　トチカガミ科
沈水性の多年生水草。走出枝をのばして増える。根生の葉は長さ30～70cm, 幅4～10mmの線形で鋭～鈍頭，沈水性のミクリ属に似るが，上部の縁に鋸歯がある。雌雄異株。雌花は萼片3枚，柱頭2裂した雌しべが3本。雄花には雄しべが1本。＊7～9月。♣池～川。☘北海道～九州。

237 オオシバナ　　　　　　　　　シバナ科
高さ15〜50cmの花茎をだす多年草。根出葉の断面は半円形で軟らかい。長さ10〜40cm,幅1.5〜5mm。総状花序に多数の花をつける。6枚の心皮すべてに稔性がある。果期の心皮は半月形となる。関東以西のシバナとは別種とする見解に従う。✱5〜10月。♣塩。🔵北海道〜九州。❤日本:VU。✹湿地開発。

238 ホソバノシバナ　　　　　　　　シバナ科
高さ15〜35cmの花茎をだす多年草。走出枝をだす。葉は細く長さ10〜25cm,幅約1mm。オオシバナによく似るが,6枚の心皮のうち,3枚は稔性,3枚は不稔性。果期の心皮は細長く,下端は尖る。✱7〜8月。♣低(淡水性の湿地)。🔵北海道〜本州中部。❤日本:VU。✹湿地開発。

239 ホロムイソウ　　　　　　ホロムイソウ科
高さ10〜20cmの花茎が直立する多年草。葉は長さ10〜30cmで細く,やや硬い断面は半円形。先端に排水孔があり,基部に葉鞘と葉舌がある。花は両性,花被片6個で黄緑色,雄しべ6本で葯細長い。果実は袋果で広楕円形,長さ6〜7mm,3個ずつ平開し目立つ。✱6〜7月。♣高(ミズゴケ中)。🔵北海道〜本州。

240 センニンモ　　　　　　　　ヒルムシロ科
沈水性の多年生水草。水中茎の長さはときに1m近くなる。沈水葉は広線形で無柄,基部は托葉と合着して2〜6mmの葉鞘となり,茎を抱く。托葉上部に耳状突起がある。葉身は長さ2〜6cm,幅2〜3mmで,縁に細かい鋸歯があり先端凸状となるのがよい特徴。✱6〜8月。♣池〜川。🔵北海道〜九州。

241 エビモ　　　　　　　　　ヒルムシロ科
沈水性の多年生水草。茎は細くてよく分枝する。沈水葉の葉身は広線形，3脈，無柄で先は円〜鈍頭。長さ3〜10cm，幅4〜9mm，縁は波形に縮れ，細かい鋸歯がある点が特徴。托葉は薄膜質で約10mm長。✻6〜9月。♣池〜川(富栄養化した流水域に多い)。☘北海道〜九州。

242 ヤナギモ　　　　　　　　ヒルムシロ科
常緑の沈水性の多年生水草。地下茎が発達する。茎は細く分枝が多い。沈水葉は無柄，基部鞘にならない。葉身は線形で鋭尖頭，しばしば茎側に湾曲。長さ5〜10cm，幅2〜3.5mm，縁は全縁で波状。5脈以上ある。花穂の長さ6〜12mm，密花。✻6〜9月。♣川。☘北海道〜九州。

243 イトモ　　　　　　　　　ヒルムシロ科
沈水性の多年生水草。茎も葉も非常に細い。葉は線形で無柄，鋭頭。長さ2〜6cm，幅1mm前後で1〜3脈，全縁。葉の内側にある托葉は両縁重なりあい，筒状にならない。花穂の長さ3〜5mm，花はかたまってつく。✻6〜8月。♣池。☘北海道〜九州。♥日本：VU。✺湿地開発。

244 ホソバミズヒキモ　　　　ヒルムシロ科
浮葉性の多年生水草(稀に沈水葉だけで生育)繊細な地下茎が発達して泥中を這う。水中茎はよく分枝する。沈水葉は線形で基部は鞘とならない。長さ3〜5cm，幅1mm以下。1脈で鋭頭。浮葉は長楕円形で明るい黄緑色。長さ1.5〜3cm，幅4〜10mm。✻6〜9月。♣池〜川。☘北海道〜九州。

245 オヒルムシロ　　　ヒルムシロ科
浮葉性の多年生水草。水中茎は長くのび2〜3mにもなる。沈水葉は針状で葉柄は不明瞭，長さ12〜30cm，幅0.5〜2mm。浮葉は葉柄10〜18cm，葉身は長楕円〜広楕円形で鈍〜やや鋭頭，長さ5〜12cm，幅2〜5cm。托葉は長さ5〜10cm，やや硬く宿存し乾燥標本で白色。＊6〜8月。♣池。🔵北海道〜九州。

246 フトヒルムシロ　　　ヒルムシロ科
浮葉性の多年生水草。地下茎は太く，水中茎は長くときに2m以上。沈水葉は線〜倒披針形，上部1〜2枚を除いて葉柄は不明。長さ6〜25cm，幅5〜30mm。浮葉は有柄，葉身は長楕円〜広楕円形で長さ5〜13cm，幅2.5〜5cm。托葉は長さ4〜8cmでやや硬く宿存。＊6〜8月。♣池。🔵北海道〜九州。

247 エゾ(ノ)ヒルムシロ　　　ヒルムシロ科
沈水〜浮葉性の多年生水草。水中茎は多数分枝し，長さ50cm以下。沈水葉は小形で密につき，線〜倒披針形で無柄。長さ3〜8cm，幅3〜8mm，縁に細鋸歯がある。枝先に1〜3枚つく浮葉は葉柄2〜9cmで葉身は長楕円〜楕円形。長さ2〜6cmで基部は切形。＊7〜9月。♣池。🔵北海道〜本州中部。

248 ホソバヒルムシロ　　　ヒルムシロ科
沈水〜浮葉性の多年生水草。水中茎はほとんど分枝せず1.5mに達する。沈水葉の葉身は狭披針形で長さ6〜30cm，幅7〜15mm，鋸歯はない。ときに上部の2〜3枚が浮葉化する。浮葉は倒披針形で鈍頭，基部はしだいに細く葉柄との区別不明瞭。＊6〜8月。♣池〜川。🔵北海道〜本州中部。♥日本：VU。

249 コアマモ　　　　　　　　　　　アマモ科
地下茎は細く，径0.5〜1.5mmで横に這う多年草。葉は偏平でリボン状，長さ10〜40cm，幅1.5〜2mmで3脈，基部は葉鞘となる。雌雄同株。花序は葉鞘に包まれ偏平，地下茎に近くつき長さ約2cm，縁に小さな葯隔付属突起がある。♣塩(浅い海水中の砂地)。🔵北海道〜九州。❤日本：DD。✺港湾・護岸整備。

250 ヒメコウガイゼキショウ　　　イグサ科
高さ10〜30cmの一年草。茎は束生し細い円筒状。葉はやや偏平で上面に溝があり，鞘部には葉耳がない。凹集散花序。最下苞は葉状で花序よりはるかに短い。花被片は白緑色，鋭尖頭で外片は先が尾状。葯は花糸の1/2〜1/3。✱6〜8月。♣草(平地，荒れ地など)。🔵北海道〜九州。

251 クサイ　　　　　　　　　　　イグサ科
高さ30〜50cmの多年草。葉は偏平でイネ科状，縁は上面に曲がり鞘部の葉耳は膜質で長さ2〜3mmある。花序は凹集散状，最下苞は葉状で花序より長い。花被片は淡緑色，鋭尖頭。葯は花糸の約1/2。種子は倒卵形で長さ0.5mm内外。✱6〜9月。♣草(平地，荒れ地など)。🔵北海道〜九州。

252 ドロイ　　　　　　　　　　　イグサ科
高さ60〜70cmの多年草。地下茎は硬く，横走節間は短い。全体はやや粉白を塗ったよう。茎は円筒状。葉はイネ科状で線形，葉耳は膜質で小形。花序は凹集散状，花被片は卵形で先が円く，暗赤紫褐色，長さ2〜3mm。葯は花糸とほぼ同長。✱6〜7月。♣草(沿岸の泥地)。🔵北海道〜九州。

253 **ミヤマイ** イグサ科
茎は円筒状で高さ15～40cmの多年草。地下茎は這い，節間ごく短い。花序は仮側生，2～5花。花被片は披針形で約5mm。雄しべは6本。葯は線形で2～3mm，花糸は短い。蒴果は楕円形で赤～黒褐色で光沢ある。種子はおがくず状で3mm。＊7～8月。♣草(高山帯)。🔷北海道～本州中部。♥日本：NT。

254 **イ（イグサ）** イグサ科
茎は円筒状で高さ20～60cmの多年草。節間の短い地下茎が這う。花序は仮側生，多数の花からなる。花被片は披針形で長さ2mm内外。雄しべは3(稀に6)本。葯は花糸よりやや短い。蒴果は褐色，種子は倒卵形で長さ約0.5mm。変異が大きく，細いものは品種ヒメイ。＊6～9月。♣草(平地)。🔷北海道～九州。

255 **エゾホソイ** イグサ科
茎細く，高さ最下苞を含めて30～90cmの多年草。地下茎細く，節間短い。花序は仮側生，3～5花。花被片は狭披針形で3～5mm。雄しべは6本。葯は花糸の約1/2。蒴果は卵形で黒褐色。種子は楕円形で長さ0.6～0.7mm。＊7～8月。♣草(亜高山帯)。🔷北海道～本州中部。

256 **イヌイ（ヒライ）** イグサ科
高さ20～40cmの多年草。茎は円筒状で圧偏し数回ねじれる。地下茎は太い。葉は茎下部に鱗片状。花序は10～30花からなり仮側生，最下苞はときに花序より長い。葯は花糸より著しく長い。蒴果は長卵形で先が尖り長さ4～5mm。種子は広楕円形で長さ0.8mm。＊6～7月。♣草(砂地)。🔷北海道～本州。

257 セキショウイ　　　　　　　　　イグサ科
茎は高さ20～40cmの多年草。茎葉は偏平でイネ科状，茎より短く幅2～3mm，葉耳は不明。頭花は3～4個，3～5花からなる。最下苞は葉状で花序より長い。花被片は長さ4mm。葯は花糸と同長かやや長い。種子は楕円形で長さ0.6mm内外。＊7～8月。♣草。🌐北海道～本州北部。♥日本：EN。

258 エゾノミクリゼキショウ　　　　　イグサ科
高さ10～25cmの多年草。茎葉は円筒状で長さ7～12cm，葉耳は卵形。頭花はふつう1個つき半球～球形で径10～13mm，10～25花。最下苞は頭花より長い。花被片3～4mm長。葯は長楕円形で花糸より短い。種子は倒卵状楕円形で0.5mm長。♣草(高山帯)。🌐北海道(大雪)～本州北部。♥日本：EN，北海道：R。

259 クロコウガイゼキショウ　　　　　イグサ科
茎円く高さ20～40cmになる多年草。茎葉は3～4枚，長さ10～13cmで偏平。葉鞘に葉耳はない。頭花2～3個，半球形で3～6花からなる。最下苞は花序より長い。花被片は披針形で5～6mm。蒴果は3稜状長楕円形，黒褐色で強い光沢がある。♣草(高山帯)。🌐北海道(大雪)。♥日本：VU，北海道：VU。

260 ミヤマホソコウガイゼキショウ　イグサ科
高さ10～20cmの小形多年草。上部の茎葉は2～3枚，圧偏された円筒状。葉耳は大形。頭花はふつう2個つき，3～6花からなる。最下苞はふつう花序より短い。花被片は約3mm雄しべ6本。蒴果は長さ約5mm，黒褐色で光沢がある。＊7～9月。♣草(高山帯)。🌐北海道～本州中部。♥北海道：R。

261 ホロムイコウガイ　　イグサ科
高さ20〜40cmの多年草。茎葉は圧偏された円筒状。葉耳は大形。頭花はふつう2個つき，3〜6花からなる。最下苞はふつう頭花より短い。花被片は淡褐色で長さ約3mm。葯は卵形，花糸より短い。種子はおがくず状で約2mm長。✼7〜9月。♣草。🔵北海道。❤日本：CR，北海道：VU。✹湿地開発。

262 ホソコウガイゼキショウ　　イグサ科
高さ20〜40cmの多年草。頭花はやや多数つき，2〜3花からなる。苞は頭花より著しく短い。花被片は披針形で同長，帯赤褐色をなす。ホロムイコウガイに似るが，花被片内片がより鈍頭。外片はより鋭頭。蒴果の長さが3〜4mmとより短いもの。♣草。🔵北海道〜本州中部。

263 コウガイゼキショウ　　イグサ科
茎は偏平な2稜形でごく狭い翼があり，高さ30〜40cmの多年草。茎葉3〜4枚で偏平，ときに剣状線形で長さ10〜17cm，幅2〜3mm。葉耳は小形。頭花は多数，花序は4〜7花からなる。花被片は長さ4〜5mm。内片と外片はほぼ同長。種子は倒卵形で長さ0.6mmほど。✼7〜8月。♣草（平地）。🔵北海道〜九州。

264 ヒロハノコウガイゼキショウ　　イグサ科
コウガイゼキショウに似た多年草。茎は偏平で翼があり，茎葉は通常3枚，幅広く偏平で長さ10〜20cm，幅2〜5mm。頭花は球形で花がまばらに星状につく。花被内片は外片より長い。蒴果は花被片より長い。種子は倒卵形で長さ0.6mmほど。✼7〜8月。♣草（平地）。🔵北海道〜九州。

265 ミクリゼキショウ　　　　イグサ科
高さ30〜50cmの多年草。茎は圧偏の2稜形で狭い翼。茎葉は数枚つき圧偏して剣状線形で幅4〜6mm。隔壁は明瞭。頭花はふつう2個つき，球形で径8〜10mm，多数花。花被片は披針形で3mm。雄しべ3本。蒴果は3稜状楕円形，黒褐色で光沢。＊7〜8月。♣草(亜高山帯)。🌏北海道〜本州中部。

266 ヤマスズメノヒエ　　　　イグサ科
高さ20〜40cmの多年草。茎葉は長線形で長さ5〜10cm，幅2〜4mm。縁に白色の長毛があり先端は硬質鈍形になる。花序は数個の小頭花からなり小苞の先は不規則に細裂する。花被片は長さ2.5〜3mm，種子は円〜広倒卵形で長さ1.3mm，種枕が半長を占める。＊5〜7月。♣草(山地)。🌏北海道〜九州。

267 クロイヌノヒゲ　　　　ホシクサ科
エゾホシクサに似る無茎の一年草。葉は線形で長さ2〜10cm，中部の幅1〜3mm。頭花は径約4mm，少数の花からなる。総苞片は卵状長楕円形，鈍頭で頭花とやや同長。花床に毛があり，雌花の花弁は3枚で離生する。種子に鍵毛がある。♣中。🌏北海道〜九州。♥北海道：R。✳湿地開発。

268 エゾイヌノヒゲ　　　　ホシクサ科
花茎の高さ5〜14cmの一年草。イトイヌノヒゲに似るがより小さい。頭花の総苞片は卵状で鈍頭，頭花と同長かやや長い。雌花の萼上縁に2細胞の長毛がある。花弁2〜3枚で離生，蒴果2〜3室，柱頭2〜3本。種子に鍵毛。＊8〜9月。♣中。🌏北海道(アポイ山塊)。♥日本：CR，北海道：R。

269**カラフトホシクサ**　　　　　　ホシクサ科
花茎は高さ5〜13cmの一年草。頭花は径2mmくらいと小さく黒藍色。総苞片は2〜3枚,卵形で頭花より少し短い。花床に毛はない。雌花の萼は2深裂しほとんど離生,花弁は2枚で離生。蒴果2室,柱頭2本。種子に鍵毛。♣中(亜高山帯)。🟦北海道(稀)。❤日本：VU,北海道：R。✾湿地開発。

270**スズメノテッポウ**　　　　　　イネ科
高さ20〜40cmの軟らかい一〜越年草。葉はやや白緑色で長さ5〜15cm,幅1.5〜5mm。葉舌は白色で2〜5mmあり,目立つ。花序は円柱形で長さ3〜8cm。小穂は広卵形,長さ3〜3.5mm,苞穎は鈍頭。芒は長さ約3mm,小穂の外まで突きだす。✲6〜7月。♣低〜田,草。🟦北海道〜九州。

271**ミノゴメ(カズノコグサ)**　　　イネ科
高さ30〜90cmの一〜越年草。茎はやや軟弱で太く,葉は粉緑色で長さ7〜20cm,幅5〜10mm。葉舌は透明膜質で長さ3〜6mm。花序は太い花軸で直立,長さ15〜35cm。左右に5〜10本ほどの枝を互生。枝の一方に偏って小穂が2列に並ぶ。小穂は長さ3〜3.5mm,ほぼ円形。✲6〜7月。♣草。🟦北海道〜九州。

272**クシロチャヒキ**　　　　　　　イネ科
高さ60〜100cmの多年草。節に白毛を密生し,葉身は長さ15〜30cm,幅5〜10mm。葉鞘は完筒形で軟毛が下向きに生える。小穂は偏平,5〜8小花からなる。キツネガヤに似るが,護穎はより幅広い披針形になり,縁に沿って平伏した長軟毛が密に生える。✲7〜8月。♣草。🟦北海道。

273 イワノガリヤス　　　　　イネ科
高さ80〜150cmの中〜大形の多年草。葉舌は深い鉄さび色で背面有毛。花序は多数の小穂からなり，長さ10〜25cmで枝やや開き先は垂れる。苞穎は淡緑〜汚赤紫色，外面に微細な突起毛を密生，開花後閉じない。護穎は披針形，基毛は護穎と同長かより短い。＊7〜9月。♣低〜草。✿北海道〜九州。

274 チシマガリヤス　　　　　イネ科
イワノガリヤスに似る多年草。茎の高さ40〜100cm。葉舌は白色で背面は無毛。円錐花序は長さ7〜16cmで幅狭く，枝は花時に開出しない。苞穎は暗紫色を帯び，小刺針があってざらつき，開花後閉鎖して小花を包む。＊7〜9月。♣中〜高。✿北海道(イワノガリヤスより稀)〜本州中部。

275 ヤマアワ　　　　　　　　イネ科
高さ60〜150cmの中〜大形の多年草でイワノガリヤスに似る。花序は全体白っぽくみえ，直立，長さ10〜30cm。苞穎は目立って細く線形，ほとんど光沢がなく，脈上はなはだざらつき，先は芒状に細まる。基毛は長く護穎の2倍にもなる。＊7〜9月。♣低〜草。✿北海道〜九州。

276 タイヌビエ　　　　　　　イネ科
高さ1m内外にまでなり，分枝する一年草。葉身は長さ10〜20cm，幅8〜12mm，縁は著しく硬くざらつく。花序の長さ8〜15cm，小穂の長さ約5mm。イヌビエに似るが，第1苞穎が小穂の半分より少し長く，小穂に芒がないかあっても短いもの。＊8〜9月。♣田。✿北海道〜九州。

277 **ドジョウツナギ**　　　　　　　イネ科
高さ1m内外になる多年草。葉は淡緑色でやや薄く長さ30～60cm、幅3～7mm。葉舌は長さ0.6～1.2mm。円錐花序は長さ15～40cm。小穂は長さ5～7mm、3～7小花よりなる。護穎の背は円く7脈あり、卵形、鈍頭で長さ2.2～2.5mm。＊6～7月。♣草(水辺)。🔵北海道～九州。

278 **ミヤマドジョウツナギ**　　　　　イネ科
高さ1mくらいになる多年草。葉は鮮緑色、軟らかくて薄く長さ10～30cm、幅4～7mm。葉舌は長さ2～3mm。円錐花序は少し先が垂れ、長さ20～30cm。小穂は長さ6～8mmで、(4)5～7小花よりなる。護穎の7脈は太く隆起して目立ち、長楕円形で長さ3.5～4mm。＊7～8月。♣草。🔵北海道～九州。

279 **エゾノサヤヌカグサ**　　　　　　イネ科
高さ50～80cmの多年草。全草著しくざらつく。節部には下向きの剛毛を密生。葉は広線形で薄く長さ15～25cm、幅8～12mm、両面縁共にざらつく。円錐花序は長さ20cm以上にもなり、小穂は楕円形で長さ4.5～6mm、幅2mmでイネに似ている。縁に長い剛毛がある。＊8～10月。♣草。🔵北海道～九州。

280 **クサヨシ**　　　　　　　　　　イネ科
高さ70～180cmのやや大形の多年草。一見ヨシにも似るが、葉は幅8～15mmと狭い。花序は披針形で長さ10～15cm、開花前や後では花序全体狭く穂状にみえる。密に小穂をつけ、小穂は白緑色で長さ4～5mm。小花の下部に長毛のある鱗片状の退化小花が2個ある。＊6～7月。♣低～草。🔵北海道～九州。

281 ヨシ　　　　　　　　　　イネ科
高さ2m以上にもなる大形の多年草で地下茎は這い群生する。葉は幅2〜4cm，しばしば途中から下向きに折れたように先が下垂する。葉身基部両側に小耳状突起。花序は長さ15〜40cmと大きく，小穂は長さ12〜17mm，第1苞穎が最下の護穎の半分より短い。✻8〜9月。♣低〜川，池（ふつう）。🟦北海道〜九州。

282 マコモ　　　　　　　　　イネ科
高さ1〜2mで一見ヨシにも似る大形の多年草。葉身は長さ50〜100cm，幅2〜3cm。葉舌は白色膜質で長さ2cm以上。花序は直立し長円錐形で長さ40〜60cm，小穂は雌雄の2型雄性小穂は8〜12mm長，雌性小穂は15〜25mm長で先は2〜3cmの直立した芒となる。♣池（ヨシより深い水辺に抽出）。🟦北海道〜九州

283 ススキ　　　　　　　　　イネ科
高さ1〜2mになる多年草。葉は線形で縁ざらつき裏面多少粉白色を帯び，長さ20〜60cm，幅6〜20mm。葉舌は白色で高さ1.5mm，上縁にまばらな短毛。花序は長さ20〜30cm，10〜25本ほどの総からなる。小穂は2本ずつつき，長さ5〜7mm，披針形で尖る。基毛は長さ7〜12mm。✻8〜10月。♣草。🟦北海道〜九州。

284 オギ　　　　　　　　　　イネ科
高さ1〜2.5mになる大形の多年草。ススキに似るが，茎は株状にならず1本ずつややまばらに立つ。葉身は長さ20〜80cm，幅1〜3cmで縁は著しくざらつく。葉舌は微細な毛列となる。小穂の長さ5〜6mmに対し，基毛は長さ10〜15mmと2〜4倍長い。芒は短く小穂外に突きでない。♣低〜川。🟦北海道〜九州

285 **チシマドジョウツナギ** イネ科
高さ10～40cmの株立ちになる多年草。茎基部は斜上する。葉は軟らかい膜質で粉緑色，長さ5～10cm，幅1～3mm。円錐花序は直立し長さ5～15cm，枝に小刺針はない。小穂は長さ5～8mm。柄や枝と共に赤紫色に染まることが多い。護穎は長さ3～4mm。✽6～9月。♣塩。🔵北海道～九州。

286 **チシマカニツリ** イネ科
高さ50～100cmの多年草。葉は長さ10～25cm，幅4～10mm。花序は長さ13～20cm，幅4～10cm。枝は1節に3～5本半輪生する。小穂は長さ6～10mm，3～5小花よりなる。護穎の2歯の間から7～12mm長の芒がでる。芒は途中でよじれる。✽7～8月。♣草。🔵北海道（主に東部）～四国。

287 **ヌマガヤ** イネ科
高さ30～100cmの中形の多年草。茎基部に節が集まるのが特徴。花序をつけた茎には葉がなく，葉束よりも高く抜きでる。小穂は長さ8～12mm，幅1.2mm，3～6個の小花があり小花基盤に長さ1.5～2mmの束毛がある。✽8～9月。♣中（中間湿原の指標種とされる）。🔵北海道（釧路地方には少ない）～九州。

288 **ショウブ** サトイモ科
根茎で増え群生する多年草。葉は長さ50～100cm，幅1～2cm，深緑色で剣状，隆起する中脈がある。花茎は葉より短く，苞は葉状で肉穂花序は目立たない。植物体に芳香があり5月の節句の菖蒲として使われ，所によって植栽される。✽6～8月。♣低～池。🔵北海道～九州。

77

289 チシマザサ　　　　　　　　　　イネ科
多年生で，植物体の高さは変化しやすく，20cm～2m以上になる。茎は地際で湾曲し，中部以上でよく分枝，直径1～2cmに達する。葉は披針状長楕円形で長さ18～28cm，幅3～5cm，表面光沢あり毛がない。花序は茎上方の節からでて比較的短い。♣低～中，林（多雪地に多い）。🔵北海道～本州。

290 チマキザサ　　　　　　　　　　イネ科
茎は高さ1～2m，直径7～8mmに達する。茎は基部でまばらに分枝し全株無毛。葉は長楕円～卵状長楕円形で長さ10～35cm，幅5～8cm。両面共に毛がない。花序は茎の基部からでて高く超出し，円錐状に多数の小穂をつける。葉の下面に軟毛があるのはクマイザサ♣低，中～林。🔵北海道～九州

291 ウキクサ　　　　　　　　　　ウキクサ科
浮遊性の小形の多年生水草。冬芽で越冬するといわれる。浮水の葉状体は長さ3～10mmの広倒卵形，円頭，掌状に5～11脈。裏面は帯紫色で，7～21本の複数の根がある点で類似種と区別できる。根には1個の維管束があり薄い根冠がある。♣池～川（滞水した水路）。🔵北海道～九州。

292 アオウキクサ　　　　　　　　　ウキクサ科
浮遊性で小形の一年生水草。種子で越冬する全体はウキクサに似るが，葉状体は長さ3～6mmとやや小さく，倒卵状広楕円形，全縁で円頭，掌状に3脈。裏面は紫色にならず淡緑色，根は1本しかない。根には維管束がなく薄質の根冠は鋭頭。♣田～池。🔵北海道～九州。

293 ヒンジモ　　　　　　　　　　ウキクサ科
浮遊性の小形の水草。水面近くの沈水状の葉状体は卵状長楕円形で縁に微少な鋸歯があり細長い柄がある点で他の類似種から区別できる。アオウキクサ属なので，葉状体あたりの根は1本しかない。♣池〜川(滞水した水路)。🔵北海道〜四国。❤日本：EN，北海道：EN。✳河川・水路改修。

294 ガマ　　　　　　　　　　　　ガマ科
高さ1.5〜2.5mの大形の多年草。葉は線形，平滑で偏平，やや厚く軟らかく，先端少し細くなって鈍頭。長さ50〜120cm，幅1〜2cm。雌花群のすぐ上に接して雄花群がつく。雌花群は長さ7.5〜20cm，雌花には小苞がない。雄花群は長さ5.5〜13cm。花粉は四集粒。✱7〜8月。♣池〜草。🔵北海道〜九州。

295 ヒメガマ　　　　　　　　　　ガマ科
高さ1.5〜2mの大形の多年草。ガマに似るが，葉の幅が0.5〜1.2cmとやや狭く，雌花群(長さ8〜22cm)と雄花群(11〜25cm)との間に花のつかない軸が1.5〜7cmある点で異なる。雌花には小苞がある。花粉は単粒。✱8月。♣池〜草。🔵北海道〜九州。❤北海道：R。✳湿地開発。

296 モウコガマ　　　　　　　　　ガマ科
高さ1mくらいのやや中形の多年草。近年沿岸地域の所々でみつかり，大陸からの種子分散とみられる。ヒメガマに似て雌花群とその上の雄花群とは隔離するが，葉の幅が2〜3mmと狭く，雌花群の長さも2〜4cmと短く，楕円〜円柱形である点で区別できる。✱7〜8月。♣川〜草(沿岸)。🔵北海道〜本州。

79

297 カンチスゲ　　カヤツリグサ科
雌雄異株の多年草。茎は高さ10〜20cm、鈍3稜形で散生、直立する。葉は断面三角形で幅1mm以下。雌小穂は長さ7〜14mmでやや幅広く長楕円形。果胞は長さ3〜3.5mm、卵形で膨大3稜形、嘴は短く、熟すと開出する。♣高(低地)。🔵北海道(根室地方)〜本州北部。❤日本：CR、北海道：CR。✺湿地開発。

298 ヤリスゲ　　カヤツリグサ科
雌雄異株の多年草。茎は高さ15〜30cm、鈍3稜形で散生、直立しカンチスゲに似る。葉は断面三角形で幅約1mm。雌小穂は長さ12〜20mmで幅狭く、円柱形。果胞は長さ3〜3.5mm、卵状長楕円形、嘴は長く、熟すとやや開出する。♣低〜高(高山帯)。🔵北海道(大雪山系に稀)。❤日本：CR、北海道：R。

299 キンスゲ　　カヤツリグサ科
茎は高さ10〜30cm、鈍3稜形でやや平滑、株状になる多年草。葉は厚くてやや硬く、淡緑色で幅1〜2mm。頂生する小穂は長さ1〜2cm、先に雄花部、下部に雌花部。果胞は長さ4〜5.5mm、広披針形やや偏平で、熟すと反曲する。♣中〜草(高山帯)。🔵北海道〜本州中部。

300 イトキンスゲ　　カヤツリグサ科
茎は高さ20〜40cm、鋭3稜形でざらつき、株状になる多年草。キンスゲに似る。葉は偏平でやや軟らかく、黄緑色で幅1.5〜3mmとやや幅広い。果胞は長さ6〜8mm、狭披針形、しだいに長い嘴となり、ほぼ直立し熟しても反曲しない。♣中〜草(高山帯)。🔵北海道〜本州中部。

301 タカネハリスゲ(ミガエリスゲ)　カヤツリグサ科
茎は高さ10～15cm，繊細な3稜形でややざらつき，地下茎が横走し株状にならない多年草。頂生する小穂は長さ4～7mm，先の数花が雄花，その下の2～5花が雌花。果胞は長さ6～7mm，線状披針形で微脈，長い嘴があり，熟すと反曲する。♣高。✤北海道～本州中部。♥日本：VU。

302 コハリスゲ　カヤツリグサ科
茎は高さ10～20cm，鈍3稜形でややざらつき，小さな株状になる多年草。葉は内曲し幅1.5mm以下。頂生する小穂は長さ3～5mmで卵形，先端の雄花部は極めて短く目立たない。果胞は2.5～3mm，卵形，偏3稜形で膨らまず，脈がなく熟して開出する。♣低～林(山地)。✤北海道～九州。

303 エゾハリスゲ(オオハリスゲ)　カヤツリグサ科
茎は高さ20～50cm，3稜形で軟らかく平滑で株状になる多年草。葉は緑色で幅1～3mm。頂生する小穂先端の雄花部は長さ2～4mm，やや短いが明瞭。果胞は長さ3～3.5mmで卵状披針形，やや長い嘴があり，熟してやや反曲する。♣低～川，林。✤北海道(中～東部)～本州中部。♥日本：VU。

304 ハリガネスゲ　カヤツリグサ科
茎は高さ10～30cm，繊細な鈍3稜形で上部やややざらつく多年草。エゾハリスゲに似るが葉は糸状で幅0.5～1mm。頂生する小穂先端の雄花部は長さ2～6mm，線形で明瞭。果胞は2.5～3mmで広卵形，急にはなはだ短い嘴となり，熟して開出する。♣低。✤北海道～九州。

305 ハクサンスゲ　　　カヤツリグサ科
茎は高さ20〜60cm、3稜形でほぼ平滑、小さな株状の多年草。葉は灰緑色で幅1.5〜4mm。小穂は長さ4〜8mmの楕円形、淡黄緑色で4〜7本つき、上方ではやや接近。雌鱗片は2mm、膜質で緑白色。果胞は長さ2〜2.5mm、広倒卵〜楕円形で淡緑褐色、先端縁に少数の歯。♣低〜中。🔵北海道〜本州中部。

306 ヒメカワズスゲ　　　カヤツリグサ科
茎は高さ15〜40cm、鋭3稜形で上部がざらつき、繊細で軟らかい多年草。葉は鮮緑色で幅1〜2mm。小穂は4〜7mmの卵形、淡黄緑色で2〜6本つく。果胞は長さ2mm、長楕円形淡緑褐色。ハクサンスゲに似るが、全体的により小さく、葉の色や幅が違う。♣低(中)。林。🔵北海道〜本州中部。

307 ホソバオゼヌマスゲ　　　カヤツリグサ科
茎は高さ40〜60cm、鋭3稜形、繊細で上部はざらつき、株状となる多年草。葉は濃緑色で縁がざらつき幅2〜3mm。小穂は楕円〜卵形で栗褐色、4〜7本がつき、茎上部でやや接近する。果胞は長さ3〜3.5mm、卵状楕円形で多数の細脈がある。♣中〜高。🔵北海道〜本州中部。❤日本：VU。

308 ヒロハオゼヌマスゲ　　　カヤツリグサ科
茎は高さ40〜60cm、鋭3稜形、繊細で上部がざらつく多年草。ホソバオゼヌマスゲに似るが群生せず散在し、葉は灰緑色平滑で幅3〜4mm。小穂は球状卵形、栗褐色で4〜6本つき、付着点で茎が屈曲する。果胞は長さ3mmで広楕円形、多数の脈、やや開出する。♣中〜高。🔵北海道〜本州中部。❤日本：NT。

309 ツルスゲ　　　　　カヤツリグサ科
茎は高さ20〜40cm、3稜形で上部はややざらつく。地上に匍匐枝をのばす多年草。葉は灰緑色で幅2〜4mm。小穂は少数花からなる卵形、4〜7本が茎上部の1〜2cmにやや接近してつく。果胞は4.5mm、卵状楕円形、縁はやや翼状、皮革質で黄褐色。熟してやや開出。♣低(中)〜草。☘北海道〜本州中部。

310 ヒロハイッポンスゲ　　　カヤツリグサ科
茎は高さ20〜40cm、軟質、上部がややざらつく多年草。葉は灰緑色で幅は1.5〜3mm。小穂は、少数花よりなる球状卵形で灰白色、2〜4本が茎頂近くに接近してつく。雌鱗片は2.5mm。果胞は長さ3.5〜4mmで長楕円形、明瞭な太い脈があり、熟して開出する。♣低(中)〜林。☘北海道〜本州北部。♥日本：EN。

311 イッポンスゲ　　　　カヤツリグサ科
茎は高さ20〜40cm、繊細で上部がややざらつく多年草。葉は灰緑色で幅1〜2mm。小穂は少数花よりなる球形、茎頂近くに2〜3本が接近してつく。雌鱗片は3mm。果胞は長さ3〜3.5mmで卵形、細脈、熟して開出。ヒロハイッポンスゲに似るが、葉がやや細く、果胞が小さい。♣高〜林。☘北海道、本州中部。

312 アカンスゲ　　　　　カヤツリグサ科
茎は高さ20〜40cm、糸状3稜形、上部ややざらつく多年草。イッポンスゲに似て葉は幅1〜2mm。小穂は3〜4本で、より離れてつく。果胞は長さ2.5〜3mmで卵状長楕円形で細脈がある。熟して開出する。♣中(高)〜林。☘北海道(東部に稀)。♥日本：VU、北海道：R。✹湿原開発。

313 ヤチカワズスゲ　　　　カヤツリグサ科
茎は高さ20〜50cm，鈍3稜形で硬質，平滑または上部ややざらつき，やや株状になる多年草。葉は幅1.5〜2.5mm。小穂は少数花，倒卵形，3〜5本が茎上方にまばら。果胞は長さ4〜5mm，卵状披針形，厚膜質，嘴が長く，背面に脈が明瞭。はじめ緑色で熟すと栗褐色，強く開出する。♣低〜中。🌏北海道〜九州。

314 キタノカワズスゲ　　　　カヤツリグサ科
茎は高さ20〜50cm，繊細で上部がざらつく多年草でヤチカワズスゲに似る。葉は鮮緑色で幅1〜2mm。小穂は少数花からなる球形，3〜5本が茎上部にまばらにつく。果胞はより小さく，長さ3mm，卵状楕円形で膜質，嘴はより短く背面の脈は不明瞭。熟して開出する♣低〜中。🌏北海道(主に東部)〜本州北部。

315 タカネヤガミスゲ　　　　カヤツリグサ科
茎は高さ20〜30cm，3稜形で上部ざらつく多年草。葉は濃緑色で幅1.5〜2.5mm。頂小穂は倒披針〜倒卵形で下方の側小穂は楕円形，全部で3〜4本が茎頂近くに連続してつくのが特徴。果胞は長さ3mm，卵状楕円形で淡栗褐色。♣低〜中(高山帯)。🌏北海道(大雪山系)〜本州中部以北。❤日本：NT，北海道：R。

316 イトヒキスゲ　　　　カヤツリグサ科
茎は高さ30〜50cm，3稜形，繊細でざらつく多年草。葉は淡緑色で幅1〜2.5mm。小穂は卵円形で茎に沿って4〜7本つき，下方の苞葉は葉状で茎より長い。雌鱗片は2.5mm，緑白色。果胞は長さ約3mm，披針状卵形で細脈があり淡緑色。上部縁に鋸歯がある。♣低(小川の縁など)。🌏北海道，本州中部。

317 **オオカワズスゲ**　　　カヤツリグサ科
茎は高さ30〜60cm、太い鋭3稜形、著しくざらつく多年草。葉は幅3〜7mm。小穂は6〜10本が上部に集まり、全体長さ3〜6cmの穂状花序となる。雌鱗片は膜質、緑白褐色で鋭頭〜芒状。果胞は鱗片より長く、卵状披針形で緑色。上部はやや長い嘴になり縁に細歯、熟して開出。♣低〜草。🍀北海道〜本州中部。

318 **ミノボロスゲ**　　　カヤツリグサ科
茎は高さ20〜50cm、上部ざらつく多年草。葉の幅2〜3mm。小穂は10本内外が上部で集まり、全体3〜5cm長の穂状花序となる。雌鱗片は鈍〜鋭頭。果胞は鱗片と同長〜やや長い。オオカワズスゲに似るが、葉の幅や雌鱗片の形で区別できる。♣低〜草(登山路など撹乱地)。🍀北海道(中〜南部)〜本州中部。

319 **クリイロスゲ**　　　カヤツリグサ科
茎は高さ50〜80cmの多年草。葉の幅1〜2.5mm。小穂は卵〜長楕円形で7本内外が上部で集まり、3〜5cm長の卵状円錐形の花序となる。雌鱗片は2.5mm長、鋭頭。オオカワズスゲに似るが、果胞は長さ2.5〜3mmと小さく、卵円形で濃栗褐色。♣中(湖沼畔)。🍀北海道(稀)〜本州。♥日本：CR、北海道：VU。

320 **クシロヤガミスゲ**　　　カヤツリグサ科
茎は高さ40〜60cmで、全体に軟らかく株状になる北米原産の帰化植物。小穂は長楕円形で10本内外が上部に集まり、全体長楕円形の穂状花序をつくる。果胞は薄い膜質、縁に狭い翼と毛状の歯。♣中〜草(山地や牧草地など撹乱地)。🍀北海道。やはり外来とみられる北米原産の近似種が道東でみられる。

321 カヤツリスゲ　　　　　カヤツリグサ科
茎は高さ15〜30cm，軟質で平滑，株状になる多年草。葉は幅2〜3mmで茎と同高。小穂は多数が茎頂に密集し，全体半球形の頭状花序。基部の2〜3苞は10〜20cm長の葉状。果胞は長さ7〜10mmで線状披針形，はなはだ長い嘴がある。♣低(湖畔)。❄北海道(阿寒地方に稀)，本州中部。♥日本：VU，北海道：R。

322 ムセンスゲ　　　　　カヤツリグサ科
茎は高さ15〜25cm，匍匐枝をだす多年草。葉は粉緑色で幅2〜3mm。雌小穂は1〜2cm，1〜3本つきほぼ無柄で上向き。雌鱗片は長さ3.5〜4mm，卵状楕円形で濃褐色。果胞は長さ3〜4mm，卵形で鈍3稜形，粉灰緑色で密に小点がある。♣中〜高。❄北海道(大雪山系と北部)。♥日本：VU，北海道：R。

323 ホロムイクグ　　　　　カヤツリグサ科
茎は高さ40〜60cm，平滑の多年草。葉は偏圧3稜形で厚く幅約1.5mm。下方の小穂の苞は長い葉状で茎より長い。雌鱗片は長さ約3.5mm，卵形で淡栗褐色，鈍〜鋭頭。果胞は長さ約5mm，広卵形，膨大3稜形で灰褐色。♣中〜高。❄北海道(主に東部)〜本州中部。♥日本：VU，北海道：VU。

324 コヌマスゲ　　　　　カヤツリグサ科
茎は高さ15〜30cm，平滑の多年草。葉は偏圧3稜形で厚く幅1mm。最下の小穂の苞は長い葉状で茎より長い。ホロムイクグに似るが，雌鱗片は長さ2〜3.5mm，円形で黒紫〜赤褐色，円〜鈍頭。果胞は長さ2.5〜3mm，広卵形，膨大3稜形で黄緑色。♣高(高山帯)。❄北海道(大雪山系に稀)。♥日本：VU。

325**カブスゲ**　　　　　　　カヤツリグサ科
茎は高さ40〜70cm，硬質でざらつき，密に叢生して谷地坊主をつくる多年草。葉は幅2〜3mm。基部の葉鞘は濃赤紫色で糸網。下方の雌小穂は披針形，無柄で上向き。雌鱗片は黒紫色。果胞は長さ2〜2.5mm，卵状楕円形，膜質，直立〜斜上するが開出しない。♣低〜中。🔵北海道。

326**シュミットスゲ**　　　　　カヤツリグサ科
茎は高さ50〜70cm，硬質で株状になる多年草。葉は幅2〜4mm。カブスゲによく似るが基部の葉鞘は濃褐色で赤味を帯びない。下方の雌小穂は披針〜長楕円形，無柄で上向き。雌鱗片は黒褐色。果胞は長さ2.5mm，卵状円形，膜質。熟して開出する。♣低〜高。🔵北海道（知床半島）。❤️日本：VU，北海道：VU。

327**ヒメアゼスゲ**(コアゼスゲ)　　カヤツリグサ科
茎は高さ10〜30cm，上部ややざらつく多年草。葉は幅2mm，薄質で花後長大になる。頂生の1（〜2）本の小穂は雄性で先に雌花部がつく。下方の苞は葉状で茎より長い。雌鱗片は長さ約2mm，黒紫色。果胞は長さ2.5mm，広卵形で淡緑色，細点が密生。♣中〜高(高山帯)。🔵北海道（大雪山系，日高山系）。

328**オハグロスゲ**　　　　　カヤツリグサ科
茎は高さ10〜30cm，硬質，平滑〜わずかにざらつき株状になる多年草。葉は幅3〜4mm。ヒメアゼスゲに似るが基部の葉鞘は葉身を欠き，剣状で濃褐色。雌鱗片は長さ2.5mm，黒褐色，円頭。果胞は長さ約2.5mm，長楕円〜楕円形，細点が密生。♣高，高山。🔵北海道（大雪山系に稀）。❤️日本：EN，北海道：R。

87

329 カミカワスゲ　　　　カヤツリグサ科
茎は高さ20～50cm，株状になる多年草。葉は幅2～3mmで花後長くなる。下方の雌小穂は披針～長楕円形で1～3本つき，無～短柄があり上向き。下方の苞は有鞘。雌鱗片は長さ2.5～3mm，倒卵形，鈍頭，微凸。果胞は長さ3mm，倒卵形，3稜形，膜質で長軟毛が多い。♣低(中)～林。🔵北海道～本州北部。

330 ラウススゲ　　　　カヤツリグサ科
茎は高さ15～30cmの多年草。葉は幅1.5～3mm。側生する雌小穂は狭卵～長楕円形で2～3本つき，下部のものでは有柄で，やや上向き。雌鱗片は長さ1.5～2.5mm，黒褐色，卵形でやや鈍頭。果胞は2～2.5mmの3稜形で，2稜上に細かい刺がある。花柱基部が宿存する♣高。🔵北海道(知床半島)。

331 ヒメウシオスゲ　　　　カヤツリグサ科
茎は高さ5～20cm，平滑，地下茎を長く横走する多年草。葉は幅1～2mmで茎より長い。側生する雌小穂は0.5～1.5cmの卵～長楕円形。雌鱗片は2mm，卵形，黒紫色で中肋は淡緑色，円～鈍頭。果胞は3.5～4mm，卵形，レンズ形，皮革質。♣塩(泥地)。🔵北海道(根室地方)。❤日本：CR。✹湿地開発。

332 ウシオスゲ　　　　カヤツリグサ科
茎は高さ20～70cm，ややざらついてヒメウシオスゲを大きくしたような多年草。葉は幅2～5mmと広い。雌小穂は2～3cmの長楕円形。雌鱗片は3.5mm，卵～狭楕円形，鋭頭。果胞は3mm，広卵～楕円形，レンズ形。♣塩(泥地)。🔵北海道(根室地方に稀)。❤日本：VU　北海道：VU。✹湿地開発。

333 ヤチスゲ　　　　　カヤツリグサ科
茎は高さ20〜40cm，やや硬く，地下茎が長く這う多年草。葉は粉緑色で幅1.5〜2mm。雌小穂は1.5〜2cm，卵形。雌小穂の先端にしばしば雄花群。雌鱗片は4.5〜5.5mm，卵〜狭楕円形，銅褐色で鋭頭。果胞は長さ3.5〜4mm，卵形で偏圧3稜形，厚膜質，灰青色で密に細点。♣中〜高。🔵北海道〜本州中部。

334 イトナルコスゲ　　　　　カヤツリグサ科
茎は高さ20〜40cm，やや軟らかく平滑の多年草。葉は幅1.5〜2.5mm。雌小穂は0.7〜2cm，長楕円〜楕円形。ヤチスゲに似るが，下方の苞に長い鞘があり，雌鱗片が3〜4mm，やや鈍頭，通常は雌小穂の先に雄花群がない，などで区別できる。♣中〜高。🔵北海道(稀)〜本州中部。♥日本：VU，北海道：VU。

335 ゴウソ　　　　　カヤツリグサ科
茎は高さ40〜70cm，ややざらつく多年草。葉は幅4〜6mm，裏面は粉白色。雌小穂は1〜4cm，太い円柱形，下方で長柄あり下垂。下方の苞は葉状で茎より長い。雌鱗片は3〜4mm，狭卵形で鉄さび色，先は突出。果胞は長さ3.5〜4.5mm，広卵形，灰緑色で小乳頭状突起が密。♣低(中)〜草。🔵北海道〜九州。

336 トマリスゲ(ホロムイスゲ)　　　　　カヤツリグサ科
茎は高さ30〜70cm，硬くややざらつき株状になる多年草。葉は幅2〜4mmで硬い。雌小穂は1.5〜4cmの卵〜披針形。雌小穂の先にしばしば雄花群。雌鱗片は3〜6mm，卵〜狭楕円形，黒紫褐色でやや鈍頭。果胞は3.5〜4.5mm，広卵〜レンズ形，灰緑色で微細な粒状突起。♣高(ミズゴケ湿原)。🔵北海道〜本州中部。

337 ヤラメスゲ　　　カヤツリグサ科
茎は高さ0.5〜1m，上部がざらつくやや大形の多年草。基部は赤紫色。葉は幅3〜8mm，裏面は灰緑色で茎より長い。雌小穂は2〜6cmの円柱形，しばしば先に雄花群がつく。雌鱗片は3〜5mm，卵状披針形，黒褐〜黒紫色。果胞は3〜3.5mmで広卵〜楕円形，皮革質，灰色。♣低〜中。🔵北海道〜本州中部。

338 カサスゲ　　　カヤツリグサ科
茎は高さ0.4〜1m，長い地下茎をだして群生する多年草。葉は幅4〜8mm，茎と同長かやや短い。雌小穂は長さ3〜10cm，多数花が密生する円柱形。雌小穂の先にしばしば雄花群がつく。雌鱗片は3.5mm，長楕円形。果胞は長さ3〜4.5mm，卵状楕円形，膜質で斜開〜開出する。♣低〜草。🔵北海道〜九州。

339 ミヤマシラスゲ　　　カヤツリグサ科
茎は高さ30〜80cm，ほぼざらつかない多年草。葉は幅8〜15mmと広く，裏面が粉白色を帯び茎よりやや長い。側生する雌小穂は2.5〜7cm，多数の花を密につけ，円柱形。雌鱗片は狭長楕円形，白淡褐色。果胞は4mm，広倒卵形，3稜形で膨らみ，膜質。開出し，乾くと黒褐色。♣低〜林，草。🔵北海道〜九州。

340 サドスゲ　　　カヤツリグサ科
茎は高さ30〜70cm，地下茎をのばして群生する多年草。葉は幅3〜4mmで軟らかく裏面灰緑色。雌小穂は1〜6cm，多数花が密につく円柱形。雌鱗片は3〜4mm，卵状披針形で赤褐色，鋭頭〜刺。果胞は2〜2.5mm長，楕円形で急に長い嘴，赤褐色柱頭が残る。♣低〜川。🔵北海道(主に中部，南部)〜本州。

341 アゼスゲ　　　　　　カヤツリグサ科
茎は高さ20〜80cm，匍匐枝をのばして群生する多年草。葉は幅1.5〜4mmで軟質。雌小穂は1.5〜5cm，多数花が密の円柱形，しばしば先に雄花群がつく。下方の苞は葉状。雌鱗片は2〜2.5mm，濃褐色で中肋は緑色。果胞は3〜3.5mmの楕円形で淡緑色，表面に小細点が密。♣低〜中。🔵北海道〜九州。

342 オオアゼスゲ　　　　　カヤツリグサ科
茎は高さ20〜80cm，大きな株状になる多年草。葉は幅1.5〜4mmで比較的硬質。雌小穂は1.5〜6cmで多数花が密につく円柱形。下方の苞は短葉状で無鞘。雌鱗片は2〜2.5mmで長楕円状卵形。果胞は長さ3〜3.5mmでほぼ直立。アゼスゲの変種で匍匐枝をのばさず谷地坊主をつくる。♣低〜中。🔵北海道〜本州。

343 タニガワスゲ　　　　　カヤツリグサ科
茎は高さ30〜60cm，ざらつき，株状の多年草。葉は幅2〜4mm。雌小穂は1〜5cmの円柱形。雌鱗片は2〜3mm，卵状披針形，黒紫色，鋭頭。果胞は3.5〜4mm，倒卵形，膜質，長い嘴で縁に細かい歯。アゼスゲに似るが，雄小穂は頂生の1本のみ，果胞の形も違う。♣低〜中(小川の縁など)。🔵北海道〜九州。

344 ヤマアゼスゲ　　　　　カヤツリグサ科
茎は高さ20〜60cm，上部著しくざらつく多年草。葉は幅3〜5mm，3脈がやや顕著。雌小穂は1.5〜6cm，多数花が密の円柱形。雌鱗片は2.5〜3mm，楕円形，鈍頭でわずかに突起。果胞は長さ2.5〜3mm，卵〜倒卵形で膜質，平滑で上部は急に短い嘴，口部は2裂。♣低(水辺)。🔵北海道(中部，南部)〜九州。

345 タルマイスゲ　　　カヤツリグサ科
茎は高さ30〜50cm，硬質の多年草。葉は幅2〜3mm，裏面粉白緑色。雄小穂にしばしば雌花がまじる。雌小穂は0.7〜2.5cm，多数花の長楕円〜円柱形。雌鱗片は3.5〜4mm，濃紫褐色で中肋淡色，鋭頭。果胞は3mm長で楕円形，偏平3稜形で密に細点，灰緑色。♣中〜高。❄北海道。♥日本：EN，北海道：R。

346 サヤスゲ(ケヤリスゲ)　　　カヤツリグサ科
茎は高さ20〜60cm，やや軟らかく深緑色の多年草。葉は幅2〜5mm。雌小穂は1〜2cm，長楕円〜円柱形。苞に長い鞘。雌鱗片は4mm卵形で暗赤褐色，鈍頭。果胞は長さ4〜5mm卵形膨大3稜形，黄緑色。大形のものを特に変種サヤスゲとすることがある。♣高〜草。❄北海道〜本州北部。♥日本：EN。

347 ハタベスゲ　　　カヤツリグサ科
茎は高さ40〜70cm，やや平滑な多年草。葉は幅3〜6mm，茎と同長。基部の葉鞘に短柔毛がある。雌小穂は長さ1〜2cmの長楕円〜円柱形。雌鱗片は3〜4mmで卵形。果胞は長さ5〜6mmで卵状長楕円形，鈍3稜形，多数脈があり平滑。口部2裂し斜開。♣低(中)〜草。❄北海道(やや稀)〜九州。

348 ミタケスゲ　　　カヤツリグサ科
茎は高さ20〜40cm，硬質，株状になる多年草。葉は幅3〜5mm，淡黄緑色。雌小穂は約1.5cm，半球形で2〜4本つき，有柄。果胞は小穂あたり5〜6個。雌鱗片は5mm，卵形。果胞は長さ1〜1.3cmで狭披針形，3稜形，薄い皮革質，脈が多く鱗片よりも著しく長く，開出する。♣中〜高。❄北海道〜本州中部。

349 **ヒメシラスゲ** カヤツリグサ科
茎は高さ15〜30cm、やや軟らかく上部ざらつく多年草。葉は幅4〜10mm。雌小穂は短円柱形で2〜4本茎上部に接近してつき無柄、最下のものは短柄。苞は長い葉状。雌鱗片は2.5mm、長楕円状卵形、鋭尖頭。果胞は3〜4mm、卵状楕円形、膨大3稜形、淡緑色で開出。♣低〜草、林。🔵北海道〜九州。

350 **エゾサワスゲ** カヤツリグサ科
茎は高さ10〜30cm、小株状になる多年草。ヒメシラスゲに似る。雌小穂は楕円〜長楕円形で茎上部に密につく。下方の苞は葉状で鞘がある。雌鱗片は2mm、卵形、やや鈍頭。果胞は長さ2.5〜3mmで広倒卵形、膨大3稜形、厚膜質で口部に硬い2歯、開出。♣低〜草。🔵北海道〜本州中部。❤日本：VU。

351 **ヒラギシスゲ** カヤツリグサ科
茎は高さ30〜50cm、軟質で全体点頭。谷地坊主をつくる多年草。葉は幅2〜4mm、茎と同長。雄小穂先にしばしば雌花群。雌小穂は1〜3cm、多数花の円柱形。雌鱗片は卵〜狭楕円形、黒紫色で中肋緑色、鋭頭。果胞は3〜4mm長、狭卵形で偏平3稜形、淡緑色、嘴は短い。♣川(渓流の縁)。🔵北海道〜本州中部。

352 **ナルコスゲ** カヤツリグサ科
茎は高さ20〜40cm、軟質、しばしば全体湾曲し点頭、大株になる多年草。葉は幅2〜3.5mm。ヒラギシスゲに似る。雌小穂は多数花の長楕円〜円柱形。雌鱗片は卵形、鈍頭微突頭。果胞は4〜5mm長で卵状披針形、鈍3稜形淡緑色、薄膜質で細脈あり、外曲する長い嘴。♣川(渓流の縁)。🔵北海道(西南部)〜九州。

353 リシリスゲ　　　カヤツリグサ科
茎は高さ20〜70cm、上部ややざらつき多少湾曲する多年草。葉は幅3〜5mm。雌小穂は1〜3cm、楕円〜長楕円形。雌鱗片は3〜4mm、黒紫色で先が芒状にのびる。果胞は4mm、卵〜卵状長楕円形で偏平3稜形、膜質、表面にまばらな剛毛と縁に繊細な鋸歯がある。♣中(高山帯)。🔵北海道。

354 ジョウロウスゲ　　　カヤツリグサ科
茎は高さ40〜70cm、上部ややざらつき株状になる多年草。葉は硬くしばしば茎より長い。雌小穂は1.5〜3cm、長楕円形で茎頂に接近してつく。雌鱗片は狭長楕円形、長芒。果胞は開出、狭披針形で3稜形、膜質で多数脈、口部は2裂。♣池〜川。🔵北海道(東部)〜本州。❤日本：EN、北海道：R。✹湿地開発。

355 オオカサスゲ　　　カヤツリグサ科
茎は高さ1mに達し、地下茎をのばして群生する多年草。葉の幅8〜15mm、横脈顕著で茎より長い。雌小穂は長さ5〜10cm、多数花が密の長円柱形。雌鱗片は5〜6mm、卵状楕円〜長楕円形状披針形、鋭頭無芒。果胞は5〜6mm長、3稜形で先は急にやや長い嘴となり、熟すと開出。♣低〜中。🔵北海道〜本州中部。

356 オニナルコスゲ　　　カヤツリグサ科
茎は高さ40〜80cm、ざらつき地下茎をのばし群生する多年草。オオカサスゲに似るが、葉の幅は3〜6mm。雌小穂は長さ3〜7cm、多数花が密の円柱形。雌鱗片は5〜7mm、披針形で赤褐色、鋭頭。果胞は6〜8mm、卵形で膨大3稜形、先は急にやや長い嘴となり開出する。♣低〜中。🔵北海道〜九州。

357カラフトカサスゲ　　　カヤツリグサ科
茎は高さ50〜80cm，平滑，基部長い葉鞘があり群生する多年草。葉は幅5mmで軟質。雌小穂は多数花が密の円柱形。雌鱗片は3〜4mm，暗赤褐色，長楕円状卵形で漸尖鋭頭。果胞は4〜5mmで広卵形，膨大，光沢ある黄緑色。長い嘴，口部2歯，開出。♣池(亜高山帯)。🔵北海道(日本海側に稀)。♥日本：VU。

358ムジナスゲ　　　カヤツリグサ科
茎は高さ60〜90cm，硬質でややざらつく多年草。葉は幅1.5〜3mmで茎と同長。雌小穂は多数花が密の長楕円〜円柱形。下方の苞は葉状で茎と同長。雌鱗片は4〜5.5mm，卵状長楕円形，しばしば微突頭。果胞は4〜5mm，卵形，偏圧3稜形，白色剛毛を密生。♣中〜高(湿地や湖沼の縁)。🔵北海道〜本州中部。

359ビロードスゲ　　　カヤツリグサ科
茎は高さ30〜60cm，上部ざらつき地下茎をのばし群生する多年草。葉は幅3〜5mm，茎より長い。上方の1〜4小穂が雄性，下方の2〜5小穂は雌性，多数花が密の円柱形。上方無柄，下方で有柄，直立。雌鱗片は2〜3mm長楕円形。果胞は4〜5mm，卵形，3稜形，剛毛を密生。♣低〜草，林。🔵北海道〜九州。

360アカンカサスゲ　　　カヤツリグサ科
茎の高さ50〜90cmの多年草。葉は幅4〜6mm，横脈が顕著で茎より長い。ビロードスゲに似るが，基部葉鞘に軟毛が多い。雌小穂は多数花が密の円柱形。雌鱗片は卵状楕円形，微突頭。果胞は広卵形で膨大3稜形，多脈，剛毛，やや長い嘴。♣低〜草(湿原縁のやぶ)。🔵北海道(主に東部)。♥北海道：R。

361 ミカヅキグサ　　　　カヤツリグサ科
高さ10～60cmの多年草。葉は糸状で内巻きし，幅0.5～2mm。2～5本の小穂からなる散房状花序が1～3個つき，下部の花序にはときに柄がある。小穂は披針形，長さ4～6mmで鱗片は白緑色(後に淡褐色)。果実は倒卵形，刺針は9～15本で果実より長い。♣中～高。🅱️北海道～九州。

362 ミヤマイヌノハナヒゲ　　　　カヤツリグサ科
高さ15～30cmとやや小形の多年草で葉は幅1～2mm。ミカヅキグサに似るが，1～3本のより少ない小穂からなる散房状花序が4～6本つく。小穂は披針形で長さ5～6mm。鱗片が濃褐色の点で区別できる。果実は狭長楕円形，刺針は6本で果実より少し長い。♣中～高。🅱️北海道～本州。

363 オオイヌノハナヒゲ　　　　カヤツリグサ科
高さ40～60cmの中形の多年草。葉の幅は1.5～2.5mm。ミヤマイヌノハナヒゲに似て鱗片は濃褐色だが，散房状花序は4～6本のより多い小穂からなり，下部の花序には柄があることが多い。小穂は長さ8～9mmと大きい。果実は広倒卵形，刺針は6本で果実の3～4倍長。♣低～中。🅱️北海道～九州。

364 タマガヤツリ　　　　カヤツリグサ科
高さ15～30cmの一年草。葉は幅2～5mm。小穂が密集した球状の花序が1～6個つく。最下の苞は花序より著しく長い。小穂は密な球状の花穂をつくり線形で長さ3～10mm，幅1mmくらい。暗紫褐色を帯びる。鱗片は倒卵円形で鈍頭あるいは少しへこむ。果実は3稜形。♣低～田。🅱️北海道～九州。

365 **ウシクグ**　　　　　　　　カヤツリグサ科
高さ20～70cmの中形の一年草。葉の幅2～8
mm。花序は長さ5～20cm、5～7本の不同長
の枝がある。小穂は線形、やや偏平で長さ5
～10mm。濃赤紫褐色。鱗片は広楕円形で長さ
約1.2mm、円くて全縁。似ている種類にチャ
ガヤツリ、ヌマガヤツリがあるが、これらは
北海道では稀。♣低～田。🍀北海道～九州。

366 **マツバイ**　　　　　　　　カヤツリグサ科
高さ3～10cmの小形の一年草。茎はごく細く
密に群生する。小穂は狭卵形で鋭頭、長さ3
～4mmで黄褐色。果実は網目模様がある。柱
基は小さく刺針が3～4本ある。刺針が1～
3本で果実より短いか退化するものを基準変
種チシママツバイ(♥日本：CR)といい少な
い。♣低(砂質の湿地)。🍀北海道～九州。

367 **クロハリイ**　　　　　　　カヤツリグサ科
高さ20～50cmの中形の多年草。茎はやや細く
1～1.5mm。小穂は披針～卵形で鋭頭、長さ
7～20mm、幅3～5mm、黄褐色。果実は黄褐
色で長さ1～1.5mm、やや平滑で光沢がない。
柱基は大形で長さ1～2mm、刺針がない。刺
針がある基本種ヒメハリイの一品種と扱われ
る。♣低～塩。🍀北海道～九州。

368 **マルホハリイ**　　　　　　カヤツリグサ科
高さ10～40cmの小～中形の多年草。茎は幅1
mmくらいでハリイより太い。ハリイに似るが、
小穂はより広い広卵形で鈍頭、長さ4～8mm、
幅3～4mm、茶褐色。果実は淡～黄褐色で長
さ1mm、光沢がある。果実の柱基は偏平で幅
は果体の1/2～2/3。刺針は6本。♣低～中。
🍀北海道～本州中部。

369 オオヌマハリイ(ヌマハリイ)　カヤツリグサ科
高さ30～70cmの中形の多年草で，茎は幅2～5mmと太く，軟らかくてつぶれやすい。小穂は披針形または卵形でやや鈍頭，長さ1～3cm，幅3～6mm，鉄さび色を帯びる。果実は黄～黄褐色で長さ1.5～2mm，ほとんど平滑で光沢がない。果実の柱基は小さく，刺針は6本。♣池(山地)。🌏北海道～九州。

370 クロヌマハリイ　カヤツリグサ科
高さ30～70cmの中形の多年草で，オオヌマハリイに似るが，茎は幅2～3mmでより細く，硬い。小穂は広卵～狭卵形で，稀に広披針形でやや鋭頭または鈍頭。長さ7～15mm，幅3～5mm，紫褐色。果実は黄褐色で長さ1.2～1.?mm。果実の柱基は小さく，刺針は4本。♣池(山地)。🌏北海道～本州北部。

371 サギスゲ　カヤツリグサ科
高さ20～50cmで地下茎は長く這い，株状にはならない多年草。茎は細くてやや軟らかく鈍3稜形。根出葉はときに茎よりも長くのび茎葉は1～2枚。基部は鞘となる。2～5本の小穂がつく。花被片は白色，花後伸長して2cmに達する。⚘7～8月。♣低～中。🌏北海道～本州。

372 ワタスゲ　カヤツリグサ科
高さ20～50cmで大きな株状になる多年草。茎は硬くて細い。根出葉は細くて硬く幅1～1.5mm，偏3稜形。茎葉は1～2枚あって葉鞘のみに退化。小穂は1本で頂生，花時には狭卵形で長さ1～2cm，成熟してほぼ球形。花被片は白色で花後に伸長2～2.5cmになる。⚘7～8月。♣中～高。🌏北海道～本州中部。

373**ミネハリイ** カヤツリグサ科
高さ10〜30cmのやや小形の多年草。茎は直立して稜がなく平滑，基部は皮革質で光沢のある鞘に包まれる。多数群生する。1本の小穂を頂生。小穂は狭卵形，長さ3〜5mmで，2〜5花からなる。果実は広倒卵形で偏3稜形。刺針は6本。♣7〜8月。♣草(高山帯)。♣北海道〜本州中部。

374**ヒメワタスゲ** カヤツリグサ科
高さ10〜30cm，ミネハリイに似る多年草だが，茎が鋭い3稜形でざらつく。小穂は1本で頂生，広披針形で長さ5〜7mm。果実は長さ1.3mm，狭倒卵形。刺針は6本，糸状で果時には長くのびて綿毛状，長さ2cmに達する。♣6〜7月。♣高。♣北海道〜本州北部。♥日本：NT。

375**エゾウキヤガラ(コウキヤガラ)** カヤツリグサ科
高さ40〜100cmの中〜大形の多年草。1〜6本の無柄の小穂が頭状に密集，枝はほとんどのびない。1〜3枚の苞葉がある。小穂は卵形で長さ8〜15mm，幅6〜8mm。果実は長さ3mm，広倒卵〜中央のへこんだレンズ形，光沢がある。刺針がない。♣7〜9月。♣低〜塩。♣北海道〜九州。

376**ウキヤガラ** カヤツリグサ科
高さ1〜1.5mの大形の多年草。茎は太く3稜形で，基部は球状に膨れる。エゾウキヤガラに似るが，花序は分枝し小穂が多数つく。小穂は長楕円形で長さ1〜2cm，幅6〜8mm。果実は長さ3.5〜4mm，倒卵形，3稜形，光沢がある。刺針は6本，果実よりも短い。♣7〜9月。♣低〜池。♣北海道〜九州。

377**アブラガヤ(エゾアブラガヤ)**　　カヤツリグサ科
高さ1～1.5mの大形の多年草。地下茎は短く株状になり，茎は鈍い3稜形で硬い。葉はやや硬く，長さ30～40cm，幅5～15mm。花序は頂生し，多数の長楕円形あるいは楕円形で赤褐色の小穂よりなる。果実は偏3稜形，長さ0.8～1mm。刺針は6本。♣8～9月。♣低。✿北海道～九州。

378**クロアブラガヤ**　　カヤツリグサ科
高さ1～1.5mになるアブラガヤに似る大形の多年草で茎は鈍い3稜形。小穂が黒灰色の点で異なる。花序は頂生，数回分枝して大形苞はふつう花序より長く葉状。小穂は狭卵形で長さ4～7mm。果実は長さ1mm，淡色。刺針5～6本。♣7～9月。♣低～川，池。✿北海道～本州中部。

379**タカネクロスゲ**　　カヤツリグサ科
高さ15～40cmの小～中形の多年草。茎は単生し，根出葉は短く幅3～6mm。花序は頂生し1～2回分枝して枝はざらつく。小穂は長楕円形で長さ7～10mm，幅3～4mm，黒灰色。果実は長さ1.3mm，刺針は6本，屈曲する。♣7～8月。♣草(高山帯)。✿北海道～本州中部。♥日本：VU。

380**ヒメホタルイ**　　カヤツリグサ科
高さ10～30cmでやや小形，地下茎が長く横にのびて株状にならない多年草。花序は側生状。狭長楕円形の小穂が1本無柄状につく。小穂は長さ7～10mm，幅約3mm。鱗片は膜質。果実は長さ2mm，広倒卵形。刺針は4～5本で果実の2倍長。♣8～9月。♣低～池。✿北海道(稀)～九州。♥北海道：R。

381 **ホタルイ** カヤツリグサ科
高さ15～40cmで中形，小株状の一年草。茎は円いか不明の稜がある。花序は側生状，卵～狭卵形の小穂が2～4本，無柄状につく。小穂は長さ8～15mm，幅5～6mm。果実は長さ2mm，広倒卵形。刺針は5～6本，果実より短い～少し長い。🌱8～9月。♣低～池。🔷北海道～九州。

382 **フトイ** カヤツリグサ科
高さ1～2mの大形の多年草。地下茎は太く横に這う。茎は粉緑色で円く，径7～15mm。花序は側生状，小穂が10本以上もつき柄はときに長く分枝する。小穂は卵形で長さ5～10mm，赤褐色。果実は長さ2mm，倒卵形，平滑で光沢がある。🌱8～9月。♣低～池。🔷北海道～九州。

383 **サンカクイ** カヤツリグサ科
高さ0.5～1.0mのやや大形の多年草。地下茎は横に這う。茎は鋭い3稜形。花序は側生状，5本前後の小穂をつけ，柄には長短があるが分枝はしない。小穂は長楕円形または卵形，長さ7～12mm，幅5～7mm。果実は長さ2～2.5mm，広倒卵形でやや平滑，光沢がある。🌱8～9月。♣低～川，池。🔷北海道～九州。

384 **カンガレイ** カヤツリグサ科
高さ0.5～1.2mのやや大形の多年草。サンカクイに似て茎は鋭い3稜形，地下茎は長く横にのびずやや株状。花序は側生状，長楕円形の小穂が4～20本無柄で放射状につく。小穂は長楕円形，長さ1～2cm，幅4～6mm。果実は長さ2～2.5mm，偏3稜形で不明のしわ。🌱8～9月。♣低～川，池。🔷北海道～九州。

385アカエゾマツ　　　　　　　　マツ科
常緑針葉樹。通常は高木になるが，湿地生の株は2～3mの低木状でヤチシンコの俗称がある。葉は針形で長さ6～12mm，断面は菱形で偏平のエゾマツとは明瞭に区別できる。球果は下向きにつき円筒形で長さ約5～8cm，幅約2.5cm。乾燥標本にすると葉が脱落しやすい。♣中～林。🌱北海道～本州北部。

386ハイマツ　　　　　　　　マツ科
常緑針葉樹。5葉性のマツで主幹が立たず幹はよく分枝し横に這う。葉は針形で長さ2.5～5cm，幅約0.5mm。球果は卵～卵状長楕円形で長さ3～5cm，幅2～2.5cm。熟しても開裂しにくい。種子には翼がない。東北アジア固有種。♣中～林（高山帯の湿原に侵入）。🌱北海道～本州中部。

387ヤチカンバ　　　　　　　　カバノキ科
高さ2m程度の落葉低木でよく分枝する。樹皮は灰褐色。葉身は楕円～卵形で先は鈍形～やや円頭。長さ1.5～6cmで側脈は通常5～6対。果穂は円柱形で長さ1～2cm，上向きにつく。✲5月。♣中。🌱北海道（十勝，根室の2カ所のみ）。❤日本：VU，北海道：VU。✹湿地の乾燥化，開発。

388ダケカンバ　　　　　　　　カバノキ科
高さ20mに達する落葉高木。湿原に侵入した個体では低木状。樹皮は灰白色で薄くはがれる。葉は三角状卵形で先は鋭尖形。長さ5～10cm，幅3～7cmで側脈は通常7～12対。果穂は楕円～短円柱形で長さ2～4cm，幅約1cm，上向きにつく。✲5～6月。♣低～中，林。🌱北海道～四国。

389 ハンノキ　　カバノキ科

高さ20mにも達する落葉高木。葉は卵状長楕円～長楕円形、やや硬く、長さ5～13cmで鋭尖頭。尖った不整鋸歯があり側脈は7～9対。雄花序は前年枝の先に2～5個つき下垂。果穂は卵状楕円形で長さ15～20mm。堅果は偏平、広倒卵形、長さ約4mmで両側に狭い翼。✱4～5月。♣低～中。🅱北海道～九州。

390 オノエヤナギ　　ヤナギ科

高さ10mに達する雌雄異株の落葉小高木。葉は披針～狭披針形で長さ10～16cm、幅1～2cmと狭い。先端長く尖り全縁か不明の低い波状鋸歯がある。裏面やや帯白緑色。雄花穂は円柱形で長さ2～4cm、径10～12mm。雌花穂は狭円柱形で長さ2～4cm、幅8mmと細い。✱4～5月。♣川～林。🅱北海道～四国。

391 タライカヤナギ　　ヤナギ科

高さ5mほどの雌雄異株の低木。葉はキツネヤナギに似、倒披針～倒卵状楕円形で長さ7～10cm。表面濃緑色で光沢あり、裏面灰青色。托葉は半心形で細鋸歯。雌花穂は長楕円形で花時に長さ2～2.7cm。子房に絹毛を密生。✱5月。♣低～林(湿原から丘陵)。🅱北海道(東部)。♥日本：VU。✺湿地開発。

392 クロミサンザシ(エゾサンザシ)　　バラ科

落葉小高木。枝に少数の刺がある。葉は4～7対に羽状浅裂し、ふつう欠刻があり、鋸歯は不整で鋭い。花序は散房状で密に白軟毛があり果期ほぼ無毛。果実は黒熟。花後も有毛のものを別種エゾサンザシとすることがある。✱5～6月。♣中～林。🅱北海道～本州中部。♥日本：CR、北海道：CR。✺湿地開発。

103

393 エゾノコリンゴ　　　　　　バラ科
高さ10mに達する落葉小高木。葉は楕円～広卵形、鋭尖～急鋭頭で基部は鈍～楔形、長さ7～12cm、鋭細鋸歯がある。花は短枝の先に散形状の総状花序につき、花弁の長さ2～2.5cm、花柱は4～5本。果実は濃紅色に熟し、径8～10mm。✻5～6月。♣低～草。🔵北海道～本州中部。

394 カラコギカエデ　　　　　　カエデ科
高さ2～5mになる落葉小高木。葉身は楕円形、長さ5～12cm、幅2～7cm。3浅裂またはほとんど切れ込まず、縁に大きな重鋸歯があり、基部は浅心～広い楔形。花は黄緑色で複散房状。果実の翼は開かずほとんど平行。✻5～6月。♣低～林。🔵北海道(西南部に少ない)～九州。

395 ハイイヌツゲ　　　　　　モチノキ科
高さ1.5mくらいまでの常緑小高木。雌雄異株。葉は密に互生し皮革質、長楕円～楕円形、縁に粗い少数の鋸歯、裏面に腺点が散生する。雌花は新枝の葉腋に1個ずつつき、花柄は長さ6～8mm。果実は球形で径6～7mm、黒色に熟す。✻6～7月。♣低～林。🔵北海道～本州。

396 ヤチツツジ(ホロムイツツジ)　　　ツツジ科
高さ1m位までの常緑低木。若い枝に短白毛が密生。葉は革質、楕円形～長楕円形で縁は裏側にまくれ、両面に円形鱗状毛を密生。花は枝先の葉腋につくが、小葉のついた総状花序のようにもみえる。花冠は白色で壺状鐘形約5mm長。蒴果は球形。✻5～6月。♣高～中。🔵北海道。❤日本：EN。❁湿地開発。

397**カラフトイソツツジ(エゾイソツツジ)**　ツツジ科
高さ70cm位までの常緑低木。葉は長楕円形で縁は裏側にまくれ，長さ1.5～6cm，幅0.5～1cmで葉裏に褐色長毛が多い。花は横～上向きで白色，枝先に散房花序。花弁は楕円形で5枚，雄しべは10本で長く突き出る。蒴果は楕円形で下向き，約3mm長。✱6～7月。♣高～中(低地～火山噴気地域)。🔵北海道。

398**サカイツツジ**　ツツジ科
高さ1mまでの常緑低木。若枝に赤褐色の円形鱗状毛が密生。葉は枝先に集まってつき，革質，楕円形～長楕円形で長さ7～20mm。両面に円形鱗状毛。花冠は紅紫色で広漏斗形，雄しべは10本。蒴果は卵形，長さ約5mm。✱5月。♣高～中。🔵北海道(落石)。♥日本：VU，北海道：VU。✹盗掘。

399**ヤチダモ**　モクセイ科
高さ20m以上にもなる落葉高木。葉は対生し羽状複葉。小葉裏の基部に茶色の短縮毛が密に生えるのがよい特徴。雌雄異株。花序は枯れ落ちた前年枝の腋芽にでて，花冠はない。展葉と同時あるいは前に咲く。翼果は広倒披針形で長さ2.5～3.5cm。✱4～5月。♣低～林(ときに湿地林をつくる)。🔵北海道～本州。

400**カンボク**　スイカズラ科
高さ5mほどの落葉低木。古い枝は灰色で髄は白色。葉は対生し，広卵形で3中裂し，裂片は鋭尖頭～尾状鋭尖頭，粗い鋸歯がある。葉裏に短い細毛。散房状花序は平らで径6～12cm。周辺に白色の飾り花がある。液質の核果は球形で濃赤色に熟し長さ6～9mm。✱5～7月。♣低～林。🔵北海道～本州中部。

401 トクサ　　　　　　　　　　トクサ科
硬質の常緑性草本。地下茎は匍匐し、地上茎は同形で直立し径2.5〜15mm、髄腔があって中空、枝をださない。表面に14以上の隆条がある。節にある葉鞘の歯片は早落性。胞子嚢穂は茎に頂生し柄はない。砥草の意。♣低〜林(小川の縁や河畔林の林床などに群生)。☘北海道〜本州中部。

402 ミズドクサ　　　　　　　　　トクサ科
トクサに似るが、夏緑性でより向陽・水湿地に生える。地上茎は同形、径は5〜10mm。茎の髄腔が直径の4/5以上あるので茎の壁が薄い。指でつぶすと確認できる。表面の隆条は12〜24条。ふつうは枝をやや不規則にだす節にある葉鞘の歯片は宿存性。♣低(向陽の湿地や小川に抽水状)。☘北海道〜本州中部

403 チシマヒメドクサ　　　　　　トクサ科
トクサに似るがより小形の常緑性硬質の草本。地上茎は同茎で鮮緑色、直立して分岐せず径はふつう1mmほど、3〜14隆条。節にある葉鞘の歯片は6〜8枚で宿存性。胞子嚢穂は茎に頂生する。♣川〜林(小流の縁など)。☘北海道。♥日本：VU、北海道：R。✺河川改修。

404 イヌスギナ　　　　　　　　　トクサ科
スギナに似る軟らかい夏緑性草本。より湿地に生え、地上茎は同形で茎の先に有柄の胞子嚢穂をつける。茎上半部には規則正しく枝を輪生し、下部の枝の最下の節間が主茎の葉鞘より短いのがよい特徴。茎表面に5〜10の隆条。葉鞘の歯片の縁に顕著な白膜。♣低(向陽の湿地や沼沢地)。☘北海道〜本州中部。

405 フサスギナ　　トクサ科
スギナに似る軟らかい夏緑性草本。地上茎は2形で栄養茎に輪生した枝は開出してよく分枝し、より繊細な感じがする。茎表面に8〜18の隆条がある。胞子嚢穂をつける茎は最初褐色で後緑色になるという。♣中〜林（湿原周辺のササ原縁）。🍀北海道。♥日本：VU，北海道：VU。✹植生遷移，湿地開発。

406 ヤチスギラン　　ヒカゲノカズラ科
匍匐茎は湿地表面を這い、長さ20cm以下。一部は直立茎として立ち、高さ10cmまで。葉は線形で鋭尖頭、中肋が明瞭で長さ5〜6mm。胞子嚢穂は直立茎の枝端に1本、長さ2〜4cm。匍匐茎の先のみが越冬。♣高。🍀北海道〜本州(中部)。♥絶滅危惧種にランクされていないが、湿原の乾燥化により各地で減少。

407 ヤマドリゼンマイ　　ゼンマイ科
しばしば群生する夏緑性シダ。葉は2形で叢生する栄養葉は長さ1mにも達し、1回羽状複葉で羽片は羽状深裂する。胞子葉が中心に立ち、葉や葉柄に赤褐色の綿毛があり、特にぜんまい巻きの若い葉で目立つ。♣低〜林（ゼンマイに比べより湿った立地に生える）。🍀北海道〜九州。

408 ゼンマイ　　ゼンマイ科
夏緑性のシダ。ヤマドリゼンマイに似て赤褐色の綿毛が葉柄につく。葉は2形で栄養葉は2回羽状複葉，小羽片は長楕円状披針〜広披針形で縁に細かい鋸歯がある。葉柄基部は翼状に膨らむ。展開した葉は小羽片が大きくシダらしくみえない。♣低〜林。🍀北海道(東部には少ない)〜九州。

409 ヒメミズニラ　　　　　　ミズニラ科
沈水性の多年草で一見ミクリ類の幼苗にみえる。塊茎の底部が2裂。葉は叢生し円柱状，長さ20cmまで。葉基部の膨らんだ部分に胞子嚢があり，大胞子は大きく肉眼でもみえ，表面に密に円錐状突起がある。♣池(貧栄養で透明度の高い水中)。🔵北海道〜本州中部。❤日本：VU，北海道：VU。✳水質の悪化。

410 ワラビ　　　　　　コバノイシカグマ科
夏緑性のシダ。根茎は長く匍匐する。葉は1形で，大きなものでは高さ1.5m以上にもなる。3回羽状複葉で葉身は三角状卵形。成葉はやや硬い皮革質になる。葉の縁が少し裏に巻き，胞子嚢群は葉裏の縁に沿ってつく。♣低〜林(乾燥化した湿原や原野，明るい林床など)。🔵北海道〜九州。

411 タニヘゴ　　　　　　オシダ科
オシダに似る夏緑性のシダだが，産地はより少ない。叢生する葉は先まで立ち，高さ1m以上にも達する。1回羽状複葉で葉身は倒披針形で下部の羽片はしだいに短くなる。羽片は羽状に浅〜中裂し最下裂片が大きく耳状に突出するのが特徴。♣低〜林(山林地の明るい湿地)。🔵北海道〜九州。

412 オオバショリマ　　　　　　ヒメシダ科
夏緑性のシダ。地下茎は短く葉はやや立って叢生する。葉身は倒披針形で2回羽状深裂，下部の羽片はしだいに小さく，最後は耳状につく。毛が葉柄から葉脈にいたる各軸につくのが特徴。胞子嚢群は裂片の辺縁近くにつき包膜は円腎形。♣中〜林(亜高山帯に多い)。🔵北海道〜九州。

13 ヒメシダ　　　　　　ヒメシダ科

夏緑性のシダ。地下茎は長く横走し地上茎は羊生する。胞子葉と栄養葉はやや2形をなす。栄養葉では葉柄は15〜25cm長，わら色で無毛，まばらに鱗片があり葉身に匹敵するほど長い。葉身は広披針形で2回羽状深裂，20〜35cm長。裂片の側脈が叉状に分かれ腺点が少ないのが特徴。♣低(明るい湿地)。✿北海道〜九州。

414 ニッコウシダ　　　　　ヒメシダ科

ヒメシダに似る夏緑性のシダ。ヒメシダに比べるとずっと産地は少ない。地下茎はやや短く横走する。葉柄は長さ15cmを越えわら色。葉身は広披針〜披針形で2回羽状深裂，40cmに達する。裂片の側脈は分岐せず，脈上に光沢ある球形の腺点があるのが特徴。♣低〜林(明るい湿地)。✿北海道〜本州中部。

15 クサソテツ　　　　　　イワデンダ科

夏緑性のシダ。葉は2形で叢生し，栄養葉の葉身は倒卵〜倒卵状披針形，鋭尖頭，長さ50〜150cmに達する。羽片は30〜40対つき下部に向かってしだいに小さくなる。鱗片や毛がほとんどない。胞子葉は花材やドライフラワーに使われる。♣低〜林(明るい草原や湿地に群生)。✿北海道〜九州。

416 コウヤワラビ　　　　　イワデンダ科

夏緑性のシダ。地下茎は長く横走する。葉は2形。栄養葉の葉柄は長さ8〜30cm，葉身は広卵〜三角状楕円形，長さ8〜30cm，幅8〜25cm，羽片は5〜11対ある。上部の羽片は中軸に流れ翼状になる。胞子葉の小羽片は無柄の球状をなし羽軸上に間隔をおいてつく。♣草(日当たりよい湿地)。✿北海道〜九州。

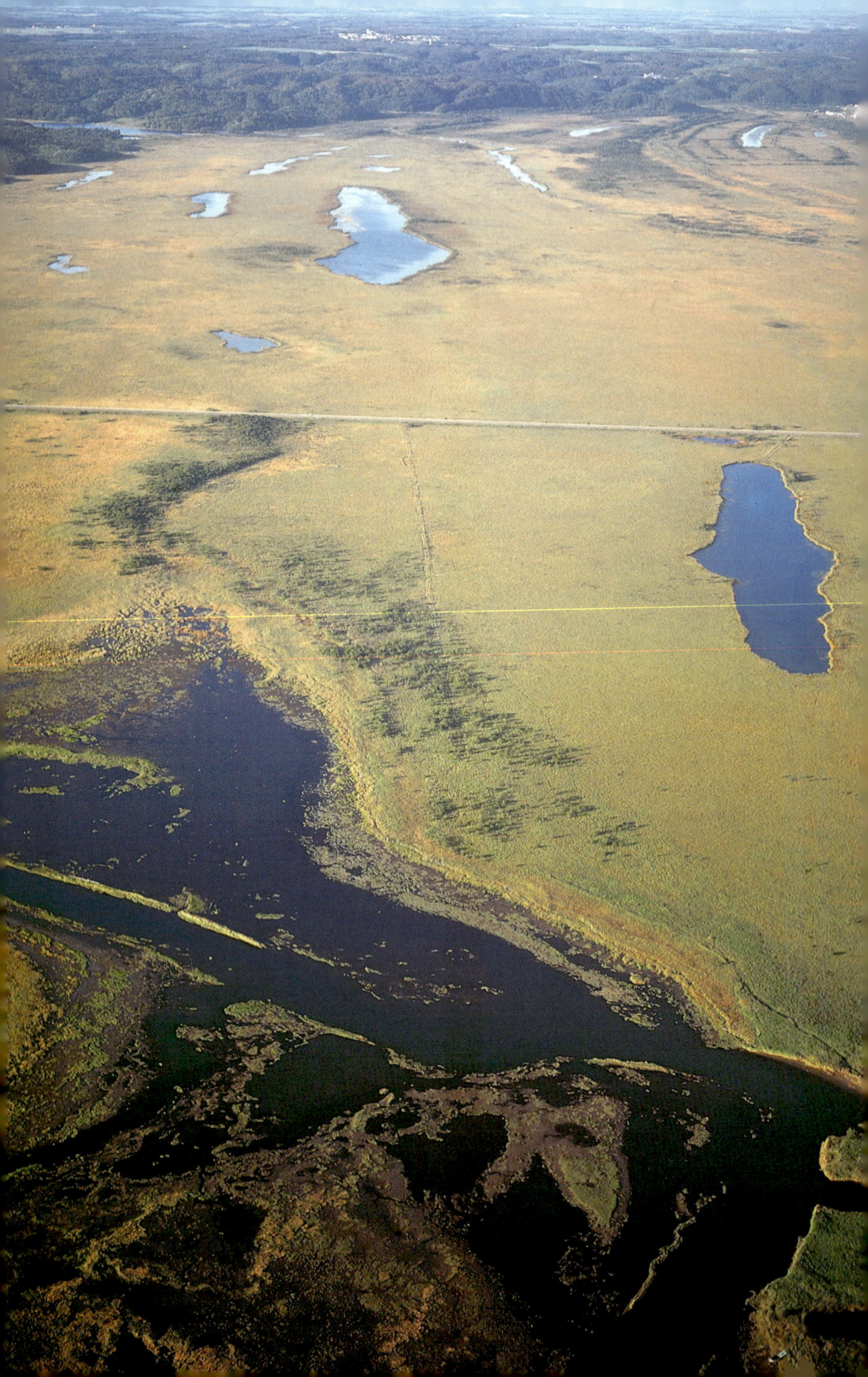

II
北海道の湿原

根室・釧路地方

オホーツク海に沿って

日本海に沿って

南西部域

十勝地方

山地の湿原

釧路湿原 ①

ツルワシナイ川の蛇行

国内最大, 王者の風格

1. Kushiro Mire

概説 釧路湿原は釧路市の北に位置する日本で最も大きな低地の湿原である。面積18,290ha。丘陵台地の一部を含む26,861haが1987年に国立公園に指定された。湿原の中央部5,011.4haは1967年に国指定天然記念物として，またこれを含んでの7,863haは1980年にラムサール条約による国際保護湿地として登録された。

湿原は北，東，西の三方を標高約100mの丘陵台地に囲まれ，南の一方は低い砂丘列を隔てて太平洋に開けている。地形的には東に向かって緩やかに傾斜していて，河川は北から南に，そして東側に沿って流れ，東側には北から海跡湖のシラルトロ湖，塘路湖，達古武沼が並ぶ。

中央部に赤沼と呼ばれる沼が，北の台地に接して小さな水面があるが，他には池や沼はほとんどなく，景観的変化に乏しい。南は釧路市市街に接し，都市に最も近い湿原である土砂の流入などによるハンノキ林の増加が顕著だが，2002年から自然再生事業が始められ

雪裡川の蛇行

大観望(細岡)からの釧路川の眺望

た。

| 種類 | 低層湿原(一部高層湿原) |

| 植生 | 湿原のおよそ80％は低層湿原が占める。低層湿原を代表する植生はヨシーイワノガリヤス群落，ムジナスゲ群落，ヤラメスゲ群落，ハンノキ林である。ヨシ，スゲ類からなる広大な草原とハンノキ林とが織りなす湿原景観はさながら「サバンナ」を想起させるものであるし，周辺部でよくみられるスゲ類のつくった谷地坊主という特殊な群落は釧路湿原をはじめとする道東低地湿原の特徴でもある。

ハンノキ林は河川の自然堤防や丘陵山足部の湧水地を中心に広範囲に分布するが，立地を反映して林床型が異なり，ハンノキーヨシ群落，ハンノキーホザキシモツケ群落，ハンノキースゲ類群落，ハンノキーカブスゲ群落などに分けられている。高層湿原との境界領域に成立したハンノキ低木林では林床にワラミズゴケ，クシノハミズゴケ，ヒメミズゴケのブルトが散生し，ヤチヤナギ，カラフトイソツツジ，ホロムイツツジ，イヌスギナ，チシマガリヤスなどが生育している。

中央部の赤沼を中心としてかなり大きな高層湿原がある他，河川の間などに数カ所の高層湿原が分布する。高層湿原の代表的な植生はミズゴケブルトを構成するカラフトイソツツジーチャミズゴケ群落とカラフトイソツツジームラサキミズゴケ群落，ローンのイボミズゴケ群落，シュレンケのホロムイソウーミカヅキグサ群落などである。ブルトにはカラフトイソツツジ，ガンコウラン，ヒメツルコケモモ，ヒメシャクナゲ，コケモモ，ホロムイツツジなどの木本植物の他，ホロムイスゲワタスゲ，モウセンゴケ，チシマガリヤスなどが多く，シュレンケにはミツガシワ，サギスゲ，ヤチスゲ，ミカヅキグサ，ホロムイウ，コタヌキモ，ヒメタヌキモ，クシロホシクサ，ホソバノシバナ，ムラサキミミカキグ

湿原中央部の赤沼（橘ヒサ子撮影）

サ，ホタルイなどが生育している。

　河川や池沼にはネムロコウホネ，エゾベニヒツジグサ，ヒシ，ヒルムシロ類，バイカモなど多種の水生植物群落が分布している。

　これまで記録されているシダ植物以上の高等植物の種類数は周辺丘陵の森林域も含めて約700種に達し，この中にはクシロハナシノブ，ハナタネツケバナ，クシロホシクサなどの希少種が多数含まれている。

地史　釧路湿原は6000〜4000年前までの海進期には内湾であったものが3000年前頃からの海退に伴って湾口に発達した砂州で海と切り離されてしだいに汽水化し，最終的には淡水化した湖が泥炭の堆積によって成立したものである。東側に残る湖は湿原化が進んだときに取り残されたもので，イサザアミなど海起源の遺存種も残る。

見所　ビューポイントとして最も一般的なのは西側では北斗台地にある北斗展望台と，そこから木道で連結するサテライト展望台である。東側には細岡の台地上に展望台があり，ここからは直下に流れる蛇行する釧路川がアクセントになっているし，遠く阿寒の山々が見渡せる。また夕日の美しいことでも知られる。

　北側には宮島岬とキラコタン岬があって，ここからの展望も優れているが，徒歩かドサンコ（北海道和種馬）の乗馬による。湿原に接近しようとするなら西側では温根内ビジターセンターからの木道（延長約2 km）によるか，東側では達古武沼畔のキャンプ場から釧路川までの木道を利用することになる。前者では一部で高層湿原の群落がみられる。

　東側にあるシラルトロ湖，塘路湖，達古武沼はそれぞれ特徴的な景観をもつ。塘路湖畔にはエコミュージアムとカヌー・ステーションがある。西側には北斗展望台に向かう途中に環境省東北海道地区自然保護事務所に併設のビジターセンターがあって，釧路湿原国立公園についての情報がえられる。

湿原奥の高層湿原

別寒辺牛湿原 ②
べかんべうししつげん

別寒辺牛湿原への誘い

隠されていた湿原

2. Bekanbeushi Mire

概説 別寒辺牛湿原は厚岸湖に注ぐ別寒辺牛川本流と支流沿いの沖積低地に発達した，総面積約8,300haの広大な湿原である。湿原の大部分はハンノキ林とヨシ，イワノガリヤス，スゲ類を主体とする低層湿原であるが，トライベツ川が合流する別寒辺牛川中流域には高層湿原が発達している。河口には塩沼地が広がり，ヨシ群落や塩沼地植生が分布している。厚岸湖と別寒辺牛湿原はタンチョウや多くの水鳥の生息地で，1993年にラムサール条約登録湿地に指定された。

種類 低層湿原（一部高層湿原）

植生 低層湿原では河川の氾濫原を中心にヨシ−イワノガリヤス群落，水位変動の比較的少ない立地にヤチヤナギ−ムジナスゲ群落，流路にヤラメスゲ群落が分布している。イネ科植物やスゲ類が優占する低層湿原は景観的に地味であるが，アカネムグ

別寒辺牛川の原始的な蛇行

チライカリベツ川(糸魚沢)

ラ，ナガボノシロワレモコウ，ヤナギトラノオ，エゾノレンリソウ，サギスゲ，ミズオトギリ，サワギキョウ，クサレダマ，エゾナミキソウ，エゾイヌゴマなどの花が咲く。ヤチヤナギ－ムジナスゲ群落はハンノキ林の林縁やミズゴケ湿原との境界付近に成立しており，ユガミミズゴケ，ワラミズゴケなどのミズゴケ類も生育している。

中流域の高層湿原は中心部に著しいチャミズゴケのブルトが発達したドーム状泥炭地であり，湿原の中心部から周辺部に向かって高層湿原植生，低層湿原植生，ハンノキ林といったほぼ同心円状の植生の配列パターンがみられる。高層湿原の植生はブルトにカラフトイソツツジ－チャミズゴケ群落，平坦地にイボミズゴケ群落，シュレンケにホロムイソウ－ミカヅキグサ群落が分布している。ブルトにはカラフトイソツツジ，チャミズゴケの他，ガンコウラン，ホロムイツツジ，ヒメツルコケモモ，スギゴケが多く，低いブルトとローンではイボミズゴケの他，ムラサキミズゴケ，ツルコケモモ，モウセンゴケ，ヒメシャクナゲ，タチギボウシ，ミカヅキグサ，ワタスゲなどが生育している。シュレンケにはミカヅキグサ，ホロムイソウの他，ヤチスゲ，シロミノハリイ，カキツバタ，コタヌキモ，ヒメタヌキモなどが生育している。

ハンノキ林は別寒辺牛川とその支流沿いの自然堤防や丘陵山足部の滞水地に密な林分が発達している。ハンノキは低層湿原内にも進出し，スゲの叢株やミズゴケブルトを核として低木林パッチを形成している。林床植物は低層湿原植生のヨシ－イワノガリヤス群落やヤチヤナギ－ムジナスゲ群落との共通種が多いが，その他特徴的なものにホザキシモツケ，ノリウツギ，カブスゲ，ツリフネソウ，ミゾソバ，ナガバツメクサなどがある。

池沼がないため水生植物は少ないが，河川跡の旧流路にネムロコウホネが分布する。

地史 中流域に形成された高層湿原の泥炭層の厚さは中心部で約4m，周

湿原最奥部の景観
中流部の別寒辺牛川

辺部で2～3mであり，3層の火山灰が挟在する。底層は軟弱な泥や砂の沖積層である。泥炭層基底の^{14}C年代測定値から，湿原形成の始まりはおよそ3000年前と推定されている。

中流域の高層湿原の実態が明らかにされたのは1990年代になってからである。形成年代は道東の河川沖積低地に発達している湿原と大差なく，高層湿原としては若い湿原であるが，典型的な高層湿原の形状を示し，また中心部から周辺部への植生の配列が整然としている点で学術的価値の高い湿原である。

見所　高層湿原域はタンチョウの営巣地でもあり，湿原に立ち入る際には厚岸町教育委員会に事前に連絡する必要がある。

厚岸湾を望む別寒辺牛川河口には厚岸水鳥観察館がある。展示室やレクチャールームがあり，観察カメラでとらえた湿原の映像や水鳥をはじめとする動植物の写真，解説パネルなどが展示されている。観察コーナーでは河口付近の雄大な別寒辺牛湿原の景観や湿原で営巣するタンチョウ，冬にはシベリアから渡ってきたオオハクチョウなど多くの水鳥を間近に観察できる。

夏にはカヌーで別寒辺牛川の川下りもできるが，タンチョウ保護のため，厚岸町自然環境保護条例によって総量規制がなされている。カヌーの利用は届け出制であり，観察館に事前の申し込みが必要である。ルールやマナーを守り，豊かな自然をゆっくり探勝したい。

厚岸湖(あっけしこ) ③

東梅川河口付近の澪

河口の不思議なかたちさまざま

3. Lake Akkeshi

概説 厚岸湖は厚岸湾の奥にある潟湖でこれに注ぐ別寒辺牛川からの淡水をうける汽水性の湖である。

厚岸湾は東北海道の太平洋岸最大の湾で、その奥にある厚岸は昔から良港として知られていた。江戸時代から栄え、古くは釧路よりもにぎわった。

厚岸湾の奥にある厚岸湖は富栄養性で、カキが自然繁殖し、先住民族が優れた生活の場としていた。湖畔にはチャシ(砦)や住居址が多い。

浅瀬で自然繁殖したカキは積み重なって牡蠣礁(牡蠣島)を形成した。牡蠣島は低くて平らなものだが、そのいくつかは満潮時にも水面上にでるまでに大きく発達して、その上に陸上植物の群落ができたものもあった。しかし1954年の十勝沖地震以降、陸地の沈降がはなはだしくなって、現在では干潮時にも水面にでるものはなくなり、厚岸で発見されたアッケシソウを含む塩生植物群落もすべて消失した。

別寒辺牛川河口のヨシとスゲ類群落

　厚岸湖岸は泥浜が多く，そこにも塩生植物群落があるが，それらもしだいに海岸沈降の影響をうけて縮小する傾向が強い。現在では東奥の東梅にオオシバナなどを主とする群落がやや大きくみられるにすぎない。

　別寒辺牛湿原を源流部とする別寒辺牛川が北西部から厚岸湖に注いでおり，その河口一帯には広くヨシ湿原がみられる。塩水の影響をうける河口部のヨシは特に大きい。このあたりには水鳥も多く，春にはタンチョウも営巣する。

種類　低層湿原，塩生湿地

植生　塩生植物群落としてはアッケシソウ，ウミミドリ，ツルキジムシロ，ウシオツメクサ，オオシバナなどがあり，やや乾いた所にはコシカギク，ウラギク(ハマシオン)などがみられる。

　河口の湿地はもっぱらヨシ群落とスゲ類群落に占められる。太田の湿地ではアカエゾマツのかなり大きなものがみられる。

見所　水鳥の観察には河口に近く国道44号筋にある厚岸水鳥観察館が最もお勧めできる。ここには長焦点のビデオカメラを備えた観察システムがあって，タンチョウをはじめとする野鳥の観察はもちろん，その生息地としての植物群落や河川の様子が広く館内からウォッチングできる。

　残念ながら牡蠣島は消滅してしまったから，特徴的な塩生植物群落をみるには舟で湖の一番奥までいかなければならない。厚岸大橋を渡って本町にでて，左折して湖沿いに進むとアッケシソウの繁殖実験地があり，ここでアッケシソウが容易にみられる。

　また最近，厚岸水鳥観察館の前庭にもアッケシソウが植えられたから，春にはその芽生えが，秋には紅葉の状態が，小規模ながら観察できる。

霧多布湿原 ④
きりたっぷしつげん

海浜砂丘列の間に形成された細長い沼

霧に浮かぶ花たち

4. Kiritappu Mire

概説 霧多布湿原は北海道東部, 浜中町の海岸沿いに発達した面積3,168haの広大な湿原である。

浜中湾に面する北部は中間湿原が広く, 中央部が高層湿原になっている。海退に伴う砂丘間の凹地や湿原内を流れる小河川の旧流路に形成された三十余の細長い形状をした池沼が分布し, 多様な水生植物が生育する。

琵琶瀬湾に面する南部は低層湿原が広く, 中心部が高層湿原と中間湿原で, 琵琶瀬川河口付近には塩沼地もみられる。

湿原内には琵琶瀬川, 泥川, 新川, 一番川, 二番川が流れ, 河口付近で合流して琵琶瀬湾に注いでいるが, 湿原内をゆったりと蛇行するこれらの河川が緑の湿原と調和し, 湿原景観をいっそう引き立てている。

1922年という早い時期に, 高層湿原を含む約800haが「霧多布泥炭形成植物群落」として国の天然記念物に指定されたため知名度が高い。1993年にはタンチョウや多くの水鳥の生息する国際的に重要な湿地として, ラムサ

木の年輪のように成長してきた湿原

ノハナショウブの群落

ール条約登録湿地に選定された。

| 種類 | 中・高層湿原，低層湿原（一部塩生湿地） |

| 植生 | 湿原の植生はヌマガヤ，ワタスゲ，ヤチヤナギ，カラフトイソツツジ，ヨシ，ミズゴケ類が主な構成種で，特にワタスゲが多い。高層湿原の中心部ではヌマガヤーチャミズゴケ群落がみられ，チャミズゴケとスギゴケのブルト上にはカラフトイソツツジ，ガンコウラン，ツルコケモモ，ヒメツルコケモモなどが生育している。チャミズゴケ群落の周辺にはイボミズゴケやムラサキミズゴケの低いブルトやローンが広がり，ヌマガヤ，ワタスゲ，ヒメシャクナゲなどの多いヌマガヤーイボミズゴケ群落が分布している。シュレンケにはヤチスゲ，ミツガシワ，ミカヅキグサなどが生育している。

中間湿原ではヌマガヤーワタスゲ群落やヌマガヤームジナスゲ群落，ヌマガヤークシノハミズゴケ群落がみられ，ヨシ，ヤチヤナギ，ムジナスゲ，ナガボノシロワレモコウ，チシマガリヤス，タチギボウシ，クロミノウグイスカグラ，コガネギクなどが多く生育している。

沼縁や河辺ではハンノキ林やヨシーイワノガリヤス群落が分布している。ハンノキ林の林床にはホザキシモツケ，ノリウツギ，ヤマドリゼンマイ，ヒメシダ，カブスゲなどが多い。点在する池沼にはネムロコウホネ，エゾベニヒツジグサ，オヒルムシロ，ジュンサイヒシなど多種の浮葉植物群落がみられる。

道東に不連続分布するクシロハナシノブやハナタネツケバナ，最近は確認されていないがカラクサキンポウゲなどの希少種が産することでもよく知られている。

| 地史 | およそ3000年前の海退に伴う砂丘間の凹地に泥炭地が発生し，海霧による夏期の冷涼多湿な環境のもとで発達した湿原である。泥炭層の厚さは1.2m内外，

琵琶瀬展望台から見渡す広大な湿原
7月には「花の湿原」の意味がよくわかる

火山灰薄層と砂土層が挟在し，底層は大部分が砂，砂礫，粘土など琵琶瀬川の氾濫原堆積物から構成されている。

見所 低地に発達する湿原の多くが1960年代以降の開発で農用地などに変貌した中で，霧多布湿原はその影響も少なく，原始の姿を残していることで学術的価値の高い湿原である。ワタスゲの白い果穂が湿原を埋める6月下旬から7月中旬はカラフトイソツツジ，ゼンテイカ，ノハナショウブ，ヒオウギアヤメ，センダイハギ，クシロハナシノブなど多彩な植物が咲き乱れ，湿原の最も美しい季節である。

かつて馬が放牧されていた海岸寄りの湿原は特に花が多いことで知られており，「花の湿原」として観光客の人気が高い。琵琶瀬展望台から霧多布湿原の全景をみることができる。

海岸と内陸を結ぶ道路沿いの高台に浜中町霧多布湿原センターがあり，湿原研究の他，エコツーリズムなどの野外教育を行っている。展示室には湿原に生息する動・植物の写真と解説パネルが常設されており，観察ルームからはタンチョウをはじめとする鳥類の観察や天然記念物指定区域の湿原，嶮暮帰島など琵琶瀬湾内の島々を展望できる。

NPO法人霧多布湿原トラストが保全と環境教育活動を活発に展開している。琵琶瀬の木道入口にティールーム付きの事務所があり，ここで情報がえられる。

125

落石岬湿原 ⑤
おちいしみさきしつげん

岬の台地の上に馬蹄形の森が広がる

概説 根室半島中央部の太平洋に突きだした落石岬の先端台地上に発達した湿原で，面積は61haである。釧路地方から根室地方の太平洋岸特有の厳しい気候条件（夏期は太平洋からの冷たい海霧により低温・過湿・日照不足，冬期は晴天が多いが雪が少なく寒冷）と，地誌的な背景によって成立している特異なアカエゾマツ湿地林を有する。湿原内に流入河川はなく，降水涵養型の高層湿原と考えられるが，泥炭には火山灰が顕著に混入し，泥炭の分解も進んでいるなどの特徴がある。

湿原の中央部にはヌマガヤ群落が広がり，チャミズゴケのブルトを有し矮生のアカエゾマツが点在する。ヌマガヤ群落を取り囲む湿地林のアカエゾマツは，湿原中央部から同心円状に漸次樹高が高くなる。アカエゾマツの根元は根上がり状態となり，亜高山帯の針葉樹林でみられる蘚苔類で覆われている。東アジア北部からシベリア地方に分布するサカイツツジのわが国唯一の自生地で，「落石岬

落石岬湿原への誘い

黒い森に囲まれた
夢幻の空間

5. Ochiishimisaki Mire

アカエゾマツ林の林床には苔とさまざまな植物がひっそりと息づく
湿原中央部の矮生のアカエゾマツ

さかいつつじ自生地」として、一帯は1940年に国の天然記念物に指定され、厳重に保護されている。

種類 高層湿原

植生 湿原中央部は相観的にはヌマガヤ群落であるが、チャミズゴケのブルトが発達し、高さ70cm以下の矮生のアカエゾマツが点在する。ブルト上にはサカイツツジの他、高山帯でみられる矮生低木のヒメイソツツジ、マルバシモツケ、クロマメノキ、コケモモなどが生育しているのが特徴である。アカエゾマツ林では、アカエゾマツの根上がり部分にイワダレゴケ、タチハイゴケ、ダチョウゴケ、オオフサゴケ、チシマシッポゴケなどが密生し、リンネソウなどもみられる。

アカエゾマツ林の林床植生は優占種の違いによって、ミズバショウ蘚類型、ヌマガヤ型、フタスゲ型に区分できる。

見所 わが国では落石岬のみに分布するサカイツツジの自生地である。根上がりしたアカエゾマツ湿地林の相観はさながら亜高山帯の針葉樹林で、学術的に非常に貴重な植生である。厳重な保護下にあり、文化庁や北海道の許可がなければ湿原内には立ち入れない。湿原の中央部を横切って海崖上の草原まで通じる木道が設置されており、そこから湿原を観察することができる。

127

長節湖 ⑥
ちょうぼしこ

海跡湖の全容

長節湖への誘い

コンブ干す浜から
見渡す海跡湖

6. Lake Chohboshi

概説 長節湖は温根沼の東側の狭い尾根を境に位置する小さな沼である。南に頭を向けて袖を振りあげた踊り子の姿にたとえられることもある。

周囲は標高30～40mの丘陵に囲まれ，北東方向では丘陵が開けて，湖から細い流路が砂浜を通って太平洋に注ぐ。砂浜には長節の集落があり，やや北に離れて長節小沼がある。

湖の南北の長さはおよそ1.5km，東西の幅は500ないし600mほどで，長節小沼は一辺約400mのひしゃげた三角形をしている。

周辺の丘陵にはトドマツ，エゾマツ，アカエゾマツ，イチイなどの針葉樹にミズナラ，イタヤカエデ，ダケカンバ，ナナカマド，ケヤマハンノキ，シナノキなどのまじる混交林が多い。トドマツは高さ18m，直径30cm，樹齢は150年内外とみられる。林床はエゾミヤコザサが多い。

海岸の段丘にはミズナラの林が多く，強い風で風衝形をなしている。ここにはアマニュウ，トリアシショウマ，エゾトリカブト，エ

沼の周囲には小高い丘陵が迫る

長節小沼

ゾノコギリソウ，クサフジ，エゾクサイチゴ，ヤマブキショウマなどの海岸草原の植物が混生する。ハマナスも含まれる。

種類 低層湿原

植生 湿原の植生としては沢筋にはヨシーースゲ群落が優占する。ヒラギシスゲが谷地坊主をつくり，その上にホザキシモツケが生育している。

湖岸にはヨシ，フトイ，ガマ，エゾアブラガヤが，水面にはネムロコウホネ，ヒルムシロ類が多い。

北東部に湿原があり，ここではヌマガヤーミズゴケ群落が発達し，ミズゴケのブルト上にはツルコケモモが密生している。カラフトイソツツジ，クロバナロウゲ，ツマトリソウ，ゼンテイカなどもみられる。ミズゴケのブルトは20ないし30cmの高さになっている。

湿原の周囲はハンノキとノリウツギが多い。

見所 湿原はそう大きいものではない。小さいが比較的自然の保たれた湖がいい。海岸段丘のミズナラ風衝林も根室半島の特徴的な風物である。夏には名物の霧がかかる。

一番近い駅はJR花咲線の西和田である。駅前から道道根室浜中釧路線を南下して約1kmで長節に左に折れる。曲がってからJRの踏切を越えて約1km。

129

温根沼

おんねとう

地盤の沈降，隆起がつくりだした特異な景観

深い森を貫く
オンネベツ川の蛇行

7. Onnetoh Mire

概説 温根沼は根室半島の付け根にある海から深く切れ込んだ南北に長い汽水湖で，幅約1.5km，長さは約5kmある。南側からオンネベツ川が流入し，根室水道に向いた北側に湖口が開けている。温根沼の湿原としては，北の湖口の東部にあるものと，南のオンネベツ川の流入部ならびにオンネベツ川沿いの数カ所がある。

湖口には根室と釧路とを結ぶ国道44号の橋があり，海側は浅い干潟が春国岱に続いて発達している。季節にはオオハクチョウ，ヒシクイ，コクガンなど多くの水鳥が渡来する。湖の周囲はアカエゾマツ林がよく発達していて幽邃(ゆうすい)な趣きがある。ちょっと北欧のフィヨルドの趣きだ。湖岸にはヨシ群落が狭い帯状に並び，フトイやガマもみられる。

オンネベツ川に沿ってもアカエゾマツ林が多い。林縁は主としてヨシだが，林内にはミズバショウが目立つ。落石東のあたりでは最も見事なミズバショウ群落がみられる。

オンネベツ川沿いには抽水植物とアカエゾマツ林が続く
河口付近の塩生湿地

| 種類 | 低層湿原，塩生湿地 |

| 植生 | 湖口東側の湿原は中央にアカエゾマツを主とする樹林が島状にまとまり，そのまわりにまずヨシ－ツルコケモモ群落とヨシ－ヤラメスゲ群落がある。さらにその東側にはハンノキ林，そして南側にはオオシバナ群落とヒメウシオスゲ群落など，塩沼地植生が並ぶ。 |

| 見所 | 温根沼橋からの景観が最もスケールが大きく優れている。湖口東側の湿原の中央部に木立が島のように浮いているのが画になっている。湖の奥にアカエゾマツが並ぶのもすばらしい。

湖口の湿原の景観は特に時期を選ばないが，ミズバショウの開花する5月頃は特によい。干潟に水鳥が集まるのは春は3月から，初冬は11月。

ウラギク(ハマシオン)

ユルリ島湿原 8

激しく打ち寄せる太平洋の波に削られる海食崖。後方がモユルリ島

ユルリ島湿原への誘い

駿馬駈ける
洋上の航空母艦

8. Yururi Mire

概説 ユルリ島は根室市昆布森海岸から2.6kmの海上に浮かぶ無人島で，全景は海鳥の足形に類似し，周囲7.8km，東西南北共に約2kmである。島の上部は平坦な台地で，周辺部は海食崖地形をなし，台地上部から海に向かっていく筋もの沢が走っている。台地上の植生は湿原と草原に大別され，森林はない。

湿原は島の中央部より南東寄りに位置し，面積は約40haほどの小規模なものであるが，海霧を含む降水涵養型の湿原として貴重である。湿原周辺の台地はエゾミヤコザサを主体とする海岸草原になっており，周年馬が放牧されている。

ユルリ島はモユルリ島と共に北方系海鳥の繁殖地としてよく知られており，北海道指定の天然記念物になっている。

種類 高層湿原，低層湿原

野生馬の群れ

植生 　湿原中心部一帯は比高90cm、直径1mに及ぶチャミズゴケブルトに覆われている。ブルトの植生は道東の湿原に共通のカラフトイソツツジーチャミズゴケ群落であるが、ユルリ島ではクロマメノキとタカネナナカマドの出現によって特徴づけられる。この他、コケモモ、ガンコウラン、マルバシモツケ、エゾゴゼンタチバナなどの高山植物やヒメツルコケモモ、ホロムイスゲ、ワタスゲ、ヒメシャクナゲなど多数の高層湿原生の植物が生育している。高いブルトにはハナゴケが侵入して崩壊しているものもある。

　高層湿原の周辺にはワタスゲームジナスゲ群落が広く分布する。ワタスゲの谷地坊主上にはタチギボウシ、ヒオウギアヤメ、クロミノウグイスカグラ、ニッコウシダ、ヒメシダ、ナガボノシロワレモコウ、チシマガリヤス、ヤマドリゼンマイ、コガネギク、ミツバオウレン、コツマトリソウなどが多く、凹地部にはムジナスゲ、ホロムイクグ、エゾハリスゲ、チシマウスバスミレ、ヨシなどが目立つ。湿原周辺の溝状凹地にはヤラメスゲ群落やヨシータチギボウシ群落がみられる。

地史 　ユルリ島は白亜紀に属する古い海食台で、根室半島や歯舞諸島などと同じものとされている。湿原は西から東に緩く傾斜しており、泥炭層は1.5m内外、周辺から中心までほぼ同じ厚さで堆積している。湿原の形成年代は古く、約12000年前。

見所 　台地上の草原にはエゾミヤコザサの他、ツリガネニンジン、シオガマギク、ヤナギタンポポ、エゾフウロ、エゾノシシウド、トウゲブキ、オミナエシ、マイヅルソウ、チシマアザミ、ユキワリコザクラ、ハクサンチドリ、クルマユリ、オオバナノエンレイソウ、ナガボノシロワレモコウ、シコタンキンポウゲなど多彩な植物が生育し、春から秋にかけて草原を彩る。またシロバナタチギボウシやシロバナハクサンチドリなど白花品が多いのも特徴である。

トーサンポロ湿原 [9]

みずみずしい季節の湿原

概説 トーサンポロ湿原は根室半島の先端（東端）納沙布岬の西約5kmに位置する北海道の最も東端の湿原である。

低平な根室半島台地のほぼ中央から北に流れるトーサンポロ川と、ポンネモト川が流入して南北の長さほぼ1km、東西の幅約300mないし500mの小さな沼を形づくっており、主にトーサンポロ川の流入部が湿原になっている。

周囲の平坦部は放牧・牧草地が多い。沼への斜面にはエゾミヤコザサ群落が占めている。台地上部にはミズナラの風衝林がいくつも点在する。

トーサンポロ湿原への誘い

風衝林の根元に息づく谷間の湿原

種類 低層湿原

植生 沼岸にはヨシ群落が、台地の斜面にかけてはミズゴケのブルトが分布し、コケモモ、ガンコウランなども生育している。これは台地上まで広がっている場合

9. Tohsanporo Mire

トーサンポロ川に沿ってみられるヤチボウズの広がり
周辺牧草地からは凍結土壌の崩落が続く

もある。根室半島では垂直分布が最も低く降下しているのである。

太平洋側の友知は、アブラナ科のトモシリソウ（*Cochlearia oblongifolia*）の発見された所である。これは湿地ではなくて岩海岸に生える。

見所 緩やかな起伏に富む根室半島の特徴的な地形と、そのアクセントとしてのミズナラの極端に曲がった風衝形の林が一番目につく。低い所に沼や湿地があるわけでトーサンポロもその1つである。

季節それぞれに特徴的な景観がみられるが、ヒオウギアヤメやゼンテイカの花はやはり7月である。

公共交通機関はバスが根室駅前から納沙布岬まで循環している。しかし、本数は多くはない。

ヒオウギアヤメが咲き誇る

風蓮湖・春国岱 ⑩

ふうれんこ・しゅんくにたい

春国岱は3列の砂州に上に発達している

概説 風蓮湖は北海道東部の根室湾に面し、面積56.38km²、周囲93.5km、最大水深11m、平均水深1mの規模をもつ汽水湖である。古い砂丘と湖岸にはアカエゾマツ林やミズナラ林、ハンノキ・ヤチダモ林が分布し、風蓮川河口付近や春国岱と走古丹の砂州には規模の大きい塩沼地植生が発達している。ヨシ・スゲ湿原は河口や砂州内の流路沿いにみられる。

　風蓮湖と春国岱はオオハクチョウやシギ・チドリ類、ガン・カモ類など水鳥の渡りの日本最東端の重要な中継地であり、タンチョウなど200種以上の野鳥の生息が確認されている。一帯は野付・風蓮道立自然公園特別保護地域、国設鳥獣保護区に指定されている。

種類 塩生湿地

植生 塩沼地にはその特異な環境(土壌塩分、海水の侵入と泥土の沈積、

風連湖・春国岱への誘い

森と干潟と湿原と

10. Lake Fuhren & Shunkunitai Marsh

春国岱の森と草原を巡る探勝路

土壌通気性など)に適応した塩生植物が生育し、構成種の少ない単調な植生が発達する。

風蓮湖岸の塩沼地では海水に浸る低い立地にオオシバナ群落、その背後の高所にヒメウシオスゲ群落が広く分布する。大潮線の堆積物上などにはウミミドリ、ウシオツメクサ、エゾツルキンバイ、チシマドジョウツナギ、ドロイが生育している。砂州内の凹地に形成された湿地にはヨシ－チシマガリヤス群落やヨシ－ヤラメスゲ群落が分布している。ヒオウギアヤメ、アカネムグラ、タチギボウシ、コガネギクなどの湿原植物の他、センダイハギ、ドロイ、ヒメウシオスゲなども混生している。また塩沼地と砂丘との間にはヤマアワ群落が帯状に分布する。

砂丘のアカエゾマツ林は日本では春国岱だけにみられる貴重な森林であるが、最近100年間の海岸の沈降によって、アカエゾマツやハンノキ、ヤチダモの枯死や淡水湿地から塩沼地への偏向遷移など砂州植生の興味深い現象も知られている。

見所 風蓮湖東岸の春国岱砂州は森林、海岸草原、湿原、塩沼地など多様な自然生態系が発達しており、200種以上に及ぶ野鳥の楽園になっている。

海岸砂丘には大規模なハマナス群落があり、ハイネズ、オニツルウメモドキ、ナワシロイチゴ、ヤマブドウなどの木本類の他、ハマニンニク、ハマエンドウ、キバナノカワラマツバ、エゾノカワラマツバ、センダイハギ、エゾスカシユリ、ゼンテイカ、ヤナギタンポポ、ヒメイズイ、ナミキソウ、ウンラン、エゾカワラナデシコ、ハマハタザオ、ホタルサイコ、オオヤマフスマ、エゾノコギリソウ、オオウシノケグサ、ネムロスゲ、コウボウムギ、コウボウシバなど多彩な草本植物が生育し、海岸草原を彩る。

海岸沿いの探勝路は四季を通じてバードウォッチャーや観光客が絶えない。

風蓮川湿原 ⑪

ふうれんかわしつげん

ヤウシュベツ川河口ではヨシ・スゲ湿原が沈みつつある

風蓮川湿原への誘い

沈みゆく河口湿原

11. Fuhren Mire

概説 風蓮川湿原は北海道東部の風蓮湖に注ぐ風蓮川下流域沖積低地に形成された広大な湿原である。

国道243号からみる湿原景観はハンノキ林とヨシ，イワノガリヤス，スゲ類の低層湿原であるが，風蓮川橋より下流の左岸に発達する湿原の中心部には，面積は狭いが高層湿原植生が分布する。

かつてミズナラ林であった周辺の丘陵は牧草地に転換されている。河口には広大な塩沼地が広がる。

種類 低層湿原（一部高層湿原）

植生 風蓮川の自然堤防と旧河道跡にはハンノキ林が成立している。融雪期に氾濫原となる低平地や川岸のバンクにはヨシーイワノガリヤス群落，流路沿いにヤラメスゲ群落，ハンノキ林に囲まれ比較的水位変動の少ない立地にはヤチヤナギームジナス

風蓮川河口。中央奥の円形は"マルヨシ"と呼ばれているタンチョウの営巣地

ゲ群落が広く分布する。ここにはムジナスゲの他、ヨシ、ヤチスゲ、ミツガシワ、ミズオトギリ、サワギキョウ、サギスゲ、カキツバタ、クシロハナシノブ、イヌスギナなどが多く、ワラミズゴケ、クシノハミズゴケ、マルバミズゴケ、オオミズゴケ、ヒメミズゴケ、ユガミミズゴケなど多種のミズゴケが地表面を覆っている。ミズゴケブルトの上にはヤチヤナギ、カラフトイソツツジ、ホロムイツツジ、クロミノウグイスカグラ、ツルコケモモなどの木本植物やヒメシダ、チシマガリヤス、ワタスゲなどが多い。丘陵側には稀にヌマガヤも分布する。

　湿原中心部にはチャミズゴケブルトが著しく発達しており、高層湿原植生のカラフトイソツツジ－チャミズゴケ群落が分布する。比高80cm内外のブルトが連合してテーブル状を呈し、スギゴケやハナゴケ、ミヤマハナゴケなどの地衣類に覆われて成長を停止したものや崩壊過程にあるものもみられる。ブルトにはガンコウラン、ヒメツルコケモモ、カラフトイソツツジ、ホロムイツツジ、コケモモ、ホロムイスゲ、ワタスゲが多く、ブルト間の凹地にはイボミズゴケ、ムラサキミズゴケ、ヤチスゲ、ミカヅキグサなどが生育している。

地史　泥炭層の厚さは中心部で約3m、周辺部では1.5～2mで、基底は河川堆積物の砂礫やシルト質土壌である。泥炭層に挟在する2層の火山灰から、湿原の形成年代はおよそ3000年前と推定されている。

見所　国道から望む湿原は広大な低層湿原にハンノキ林が点在する茫洋とした北国らしい景観だが、ワタスゲやサギスゲの白い果穂とノリウツギ、ホザキシモツケ、クシロハナシノブ、ヒオウギアヤメ、ゼンテイカなどの花が印象的だ。湿原の核心部に接近することは難しいが、国道243号から槍昔（やりむかし）に向かって10kmほど走ると、風蓮川下流域に広がる広大な湿原を展望できる。

かねきんとう
兼金沼 [12]

遠く風蓮湖を望む台地上に沼が点在する。手前が兼金沼

パイロットファームの中の湿原

12. Kanekintoh Mire

概説 兼金沼の湿原は北海道東部，西別川下流域に位置する兼金沼と西別小沼の周辺に発達した谷湿原である。

兼金沼は面積0.4km²，周囲2.7kmの南北に長い楕円形を呈し，最大水深2m，平均水深1mの沼である。東側に西別小沼と呼ばれる透明度の高い小沼が2つある。

兼金沼から流出する小河川沿いに規模の大きな高層湿原が発達しており，南部の谷はハンノキ林および中間湿原と低層湿原，湿原を取り囲む丘陵は牧草地になっている。

種類 中・高層湿原（一部低層湿原）

植生 小河川沿いに広がる広大な湿原の中心部には比高50cm以上のチャミズゴケブルトが連続して分布する。ブルトの植生はカラフトイソツツジーチャミズゴケ群落で，カラフトイソツツジ，ガンコウラン，ヒメツルコケモモ，ホロムイスゲ，ヒメシャ

兼金沼を遠望する
兼金沼のチャミズゴケブルト（橘ヒサ子撮影）

クナゲなどが多い。低いブルトはワタスゲを核として発達したヌマガヤーワタスゲ群落が多く、ワラミズゴケ、イボミズゴケなど多種のミズゴケ類がブルトを覆っており、ノリウツギ、クロミノウグイスカグラ、ヤチヤナギ、ツルコケモモなどの木本類が多く生育している。ブルト間の滞水凹地にはヒメワタスゲーミカヅキグサ群落とヌマガヤームジナスゲ群落がみられ、ここにはヤチスゲ、ホロムイソウ、シロミノハリイ、サワラン、トキソウ、ウメバチソウ、ミツガシワ、サギスゲ、ホロムイクグ、コタヌキモ、モウセンゴケ、ユガミミズゴケなど多彩な植物が生育している。湿原内に点在するハンノキ低木林の林床にはヌマガヤ、チシマガリヤス、ムジナスゲ、ノリウツギなどが多いが、周辺の高木林にはこの他にヤチダモ、カラコギカエデ、ホザキシモツケ、ミミコウモリ、ミズバショウ、ヤマドリゼンマイ、カブスゲなどが多く生育している。沼や小河川にはネムロコウホネやフトヒルムシロ、ジュンサイなどが分布する。

地史 河床堆積物の上に泥炭層が2.5〜2.7mの厚さで堆積している。形成年代は未調査。

見所 蛇行する自然河川、西別川下流域に残る人為の影響の少ない湿原で、多様な湿原植物と植生が良好な状態で保全されている。タンチョウや多くの水鳥が生息する貴重な湿原である。湿原への接近は難しい。

茨散沼 ⑬
ばらさんとう

ジュンサイ・ネムロコウホネなどの浮葉が美しい茨散沼

浮き草の多い沼に
タンチョウが

13. Barasantoh Mire

概説 茨散沼の湿原は北海道東部，西別川北部にある茨散沼周辺に成立した谷湿原である。

茨散沼は西丸別川中流にある堰き止め湖で面積0.3km²，周囲3.2km，最大水深10m，平均水深5mの沼である。ジュンサイやネムロコウホネが多く，夏にはジュンサイとりが行われている。沼の周囲にはヨシ，スゲ類の低層湿原とハンノキ林が広く分布する。茨散沼西方の清丸別川支流の谷湿原にはヌマガヤ，ミズゴケ類からなる中間湿原もみられる。

タンチョウや水鳥の生息地で，国設鳥獣保護区になっている。湿原の一部は排水溝が掘られ草地化されているが，タンチョウの営巣地でもあり，保全対策が必要である。

種類 低層湿原

植生 茨散沼の岸辺にはフトイ，ガマ，ヨシの抽水植物群落やヤラメスゲ

周囲はヨシ・スゲ類とハンノキなどの生える低層湿原
ネムロコウホネの季節(佐藤雅俊氏撮影)

群落が分布する。遠浅の砂浜にはエゾホソイやアオコウガイゼキショウの群落もみられる。

谷沿いの湿原ではヤチヤナギームジナスゲ群落が広く分布するが、湿原内流路のバンクにヨシ群落やヤラメスゲ群落、浅い滞水凹地にカキツバタ群落やヤチスゲーサギスゲ群落、ヒメワタスゲ群落がみられる。ここにはコタヌキモ、ミツガシワ、サワギキョウ、クロバナロウゲ、サワラン、モウセンゴケなど多彩な植物が生育しており、特に春にはヒメワタスゲやサギスゲの白い果穂が目立つ。

湿原周辺にはハンノキ低木林やヨシーイワノガリヤス群落が分布し、ここにはワラミズゴケのブルトも散在する。

長井岬の谷湿原にはミズゴケ群落が発達している。上流域のハンノキ林の縁辺にはチャミズゴケブルトの発達がみられ、カラフトイソツツジ、ツルコケモモ、ヌマガヤ、ワタスゲなどが生育している。中流域ではイボミズゴケ、クシノハミズゴケ、ワラミズゴケなどのブルトが密生し、上層にはヌマガヤ、ツル

コケモモ、ワタスゲ、ノリウツギ、クロミノウグイスカグラなどが多い。ブルト間の凹地にはヨシ、ムジナスゲ、サギスゲの他、カンチスゲ、ヒメワタスゲ、ヤチスゲ、ミカヅキグサ、コタヌキモ、モウセンゴケ、サワラン、トキソウ、ミツガシワ、カキツバタなど多彩な植物が生育している。

見所　西別川流域に残存する貴重な谷湿原の1つ。

野付半島湿原

のつけはんとうしつげん

半島先端付近に広がる湿原

概説 野付半島湿原は，標茶町南部から南東にのびる延長約26km，幅約4kmのわが国最大の規模をもつ鍵状の分岐砂嘴である。砂嘴の形状は，外海側は単調な直・曲線からなる平滑な海岸線であるが，湾内側は大きく3つの鍵状部がのび，先端部では岬が9～13に分かれて突出している。

湾内には水深1m未満の泥層からなる平坦地が広がり，数カ所で干潟がみられる。現在内湾ではトド原やポッコ沼を中心とする地域の浸水・縮小傾向が著しく，外海側では竜神崎付近が浸食され，最先端のアラハマワントでは新たな砂州の付加がみられる。

野付半島の砂嘴にはかつて森林がかなり広がっていたとされているが，海岸の沈降により森林の枯損が進み，枯死木によるトドワラやナラワラの景観ができた。砂嘴の汀線付近には砂原の植生，砂丘列上には原生花園と呼ばれる海岸草原が，砂丘間の低地には湿生植物群落が，内湾にかけては塩沼地植生が発達するなど多くの群落が分布している。

分岐砂嘴の狭間に
咲き乱れる季節の花々

14. Notsuke Marsh

半島付け根，当幌川河口の澪筋周りのヨシ・スゲ群落
地盤の沈降により枯死した森の痕跡，トドワラ

全域が野付・風蓮道立自然公園に含まれる。

種類 低層湿原，塩生湿地

植生 内湾側に発達する塩沼地では，アッケシソウ，オオシバナ，ウミミドリ，ウシオツメクサ，エゾツルキンバイなど塩沼地に特有の植物が分布する。竜神岬からナカシベツ間の砂丘間凹地には淡水がたまり，フトイ，サジオモダカ，スギナモ，オオヌマハリイ，ヒメハリイなどが優占し，ガマ，ミツガシワ，クロバナロウゲ，ハクサンスゲ，ヤチカワズスゲ，ムジナスゲなどもみられる。

一方，竜神岬灯台の手前で三岐する砂丘列間の湿地の一部ではイボミズゴケやムラサキミズゴケなどのミズゴケ類が優占し，ツルコケモモ，ワタスゲ，モウセンゴケ，ムジナスゲ，ヤチカワズスゲ，カラフトイソツツジ，チシマガリヤスなどが分布する。

見所 半島の付け根からトド原入口までは，道の両側に海を望める直線道で，途中ナラワラを遠望できる。トド原入口からトドワラまでは，徒歩あるいは馬車用の遊歩道が整備されている。車は竜神岬灯台の手前の車止めまで入れる。

6，7月は百花繚乱の季節で，特に車止めより先の野付崎を散策すると，ハマナス，ワタスゲ，サギスゲ，センダイハギ，ゼンテイカ，ノハナショウブの見事な群落がみられる。

ポー川の思い切った蛇行

標津湿原 ⑮

遺跡とミズゴケの世界

15. Shibetsu Mire

概説 標津湿原は野付半島の北,根室海峡に面した砂丘後背地に発達した湿原である。西側には小河川ポー川が流れており,左岸の洪積台地には「史跡伊茶仁カリカリウス遺跡」がある。標津湿原はこの遺跡群の文化財指定に伴って周辺自然環境を保全するという観点から,1979年に国指定天然記念物として保護された。現在,史跡と湿原をあわせた約450haが標津町ポー川史跡自然公園になっている。

湿原の中心部は比高90cm前後に達するチャミズゴケブルトが連続して分布する典型的な降水涵養性の高層湿原になっており,その周辺には中間湿原のヌマガヤ群落が広く分布している。

種類 中・高層湿原

植生 湿原中心部の高いミズゴケブルト上にはカラフトイソツツジーチャ

人の活動の痕跡と原始の世界が共存する

遠く知床連山の残雪がまぶしい春の湿原

ミズゴケ群落が広く分布している。標津湿原のチャミズゴケ群落は基本構成種のカラフトイソツツジ、ガンコウラン、ヒメツルコケモモ、ミガエリスゲなどの他、エゾゴゼンタチバナの出現によって特徴づけられる群落である。高層湿原の緩やかな斜面上ではブルトが低くなり、ヌマガヤの優占するチャミズゴケ群落になっている。ここではヤチヤナギやチシマガリヤスが多く、ムラサキミズゴケやウスベニミズゴケのブルトも出現している。高層湿原の周辺斜面やポー川の氾濫原跡では中間湿原植生のヌマガヤーホロムイスゲ群落が卓越する。

旧河道跡や湿原を取り巻く排水溝沿いではハンノキ、シラカンバ、ノリウツギ、ヤチヤナギなどの木本植物やヨシ、イワノガリヤス、ムジナスゲ、タチギボウシ、ニッコウシダなど低層湿原の植物が多く混生しており、特にヨシやノリウツギ、シラカンバなどの高層湿原域への分布拡大が湿原保全の上から懸念されている。

地史 標津湿原の泥炭層の厚さは中心部で約3mあり、基底は河川堆積物の粘土と砂からなる。泥炭層中に挟在する火山灰の降灰年代と花粉分析の結果から、湿原の形成年代は約3000〜4000年前であり、約2500年前頃から高層湿原化が始まったと推定されている。

見所 湿原には木道が敷かれ、高い位置から植物を観察できる。春から夏にかけてエゾゴゼンタチバナ、ヒメシャクナゲ、ミツバオウレン、カラフトイソツツジ、ヒメツルコケモモ、ツルコケモモ、コケモモゼンテイカ、ヒオウギアヤメ、タチギボウシなど多彩な花が咲く。

またポー川史跡自然公園の歴史民族資料館には湿原植物のパネル展示があり、先人の歴史と共に標津湿原の成り立ちや湿原の植物・動物について学ぶことができる。四季を通じて訪れる観光客が多い。

見渡す限りミズゴケブルトが続く

木道からは多彩な植物を目のあたりにできる

濤沸湖 16
とうふつこ

原生花園でオホーツク海と隔てられた濤沸湖

花づなに飾られた湖

16. Lake Tohfutsu

概説 小清水町と網走市にまたがる濤沸湖は、細長い砂丘帯によってオホーツク海と隔てられた潟湖（ラグーン）で、湖には数本の河川が流入する。湖周辺の低地には湿原が発達し、面積は118haである。砂丘上には小清水原生花園が成立し、知床連山を望むオホーツク海と原生花園、湿原を伴った濤沸湖、その背後の藻琴山と斜里岳とのきわだった景観の美しさから、この地域は1951年に北海道の名勝に、1958年には網走国定公園区域に指定されている。

　湿原は主にスゲ群落とヨシ群落で占められているが、湖岸にはガマ群落やフトイ群落がみられ、汽水部分にはオオシバナやホソバノシバナ、エゾツルキンバイなどが生育する塩生湿地も分布する。湿原では古くから牛馬の放牧が行われ、家畜による選択的な採食によって、ヒオウギアヤメやハマナス、センダイハギなどがそれぞれ優占する群落がパッチ状に成立している。

夏の小清水原生花園。エゾキスゲの群落
ペルシュロン系重種馬が放牧されている（冨士田裕子撮影）

種類　低層湿原（一部塩生湿地）

植生　ヤラメスゲ，ネムロスゲ，クサイ，ドロイなどからなるスゲ群落が広範囲に分布し，湖岸に近い部分にはヨシ群落が分布する。ヤチヤナギやヌマガヤの卓越する群落もみられるが面積は狭い。スゲ群落内には，放牧の影響によって成立したヒオウギアヤメ群落が広範囲に広がる。やや乾いた立地では，放牧の影響で成立したハマナス群落やセンダイハギ群落がみられる。また濤沸湖に流入する河川に沿ってハンノキ林も分布する。湿原の一部は，人工草地に転換されている。

見所　北海道の名勝にも指定された優れた景観をもつ地域であり，小清水原生花園のハマナス，エゾスカシユリ，エゾキスゲなどの開花期には，濤沸湖周辺の湿原内でもセンダイハギやヒオウギアヤメが咲きそろう。また5月下旬から11月までは湿原内にペルシュロン系の重種馬が放牧されており，北海道らしい景観が楽しめる。その他ゴールデンウィーク明けには砂丘側で小清水原生花園の植生維持のための大がかりな火入れが，北海道と小清水町によって行われる。

全域が網走国定公園の特別保護地区に含まれるので，立ち入りには許可申請が必要である。

女満別湿原 ⑰

網走川の河口はアヒルの水掻きのようにみえる

春の陽に輝く ミズバショウの大群落

17. Memanbetsu Marsh

概説 網走湖に注ぐ斗満布川と女満別川の間の女満別から呼人にかけての湖畔に広がる湿地林を、女満別湿原と呼ぶ。全長約5km、幅は広い所で400m、狭い所は100mほどの細長い帯状を呈する。全域が網走国定公園区域に含まれる他、女満別湖畔の野営場から山下岬にかけての56haは、1972年に「女満別湿生植物群落」として国の天然記念物に指定された。

植生はハンノキ、ヤチダモの巨木を主体とした湿地林で、林床でミズバショウが群生するタイプが広く分布する。ハンノキ、ヤチダモの樹高は高いものは30mに達し、胸高直径も70cm以上となる。この他、ハルニレやシウリザクラ、エゾイタヤなどの広葉樹も生育しており、開拓以前の北海道の低地湿潤地に分布していた落葉広葉樹林の面影をみることができる。

保護下にあるとはいえ、湖と湿地林の間に車道がつくられ、林に隣接するJR沿いには排水用側溝が開削されるなど、湿地林を取り

天然記念物のミズバショウの大群落
ハンノキやヤチダモの湿地林（冨士田裕子撮影）

巻く環境は必ずしも良好とはいえない。ハンノキやヤチダモの更新状況の把握も含め，今後の湿地林の維持管理法を検討すべき時期にきている。

種類 湿地林

植生 最も典型的な群落はハンノキ－ミズバショウ群落であるが，やや乾燥に傾くにつれ林床で優占する植物がミゾソバ，エゾイラクサ，クサソテツ，オニシモツケ，オオバナノエンレイソウなどにかわる。また高木層はハンノキが主体のものの他に，ヤチダモと混生するタイプ，ヤチダモが卓越するタイプなどがある。湿地林としては林内で生育する植物の種類が多いのが特徴である。

見所 高さ30mにも達するハンノキやヤチダモの湿地林がみられる非常に稀な場所である。ただしここでは湿地林そのものよりも，早春に林床で開花するミズバショウ群落が有名で，「女満別湿生植物群落」の一部には木道が整備されている。6月以降は林内は薄暗くなり，夏期から秋口は蚊が多い。湖畔の女満別野営場から木道までは，徒歩でも行ける距離である。また女満別湿原域からは外れるが，網走湖畔の呼人半島の付け根付近でも，同様の見事なハンノキ－ミズバショウ群落をみることができる。

能取湖(のとろこ)[18]

空からわかるほどのアッケシソウの紅葉

眼にも鮮やか
アッケシソウの湖

18. Lake Notoro

概説 能取湖はオホーツク海に面する潟湖で網走市の西に位置する。長径約12km、短径約8kmほどの壺型で、東側は能取岬を頂点とする台地があり、西側はサロマ湖と境する低い海岸段丘となっている。これに南から卯原内川が流入してその河口付近に塩沼地が形成されている。能取湖畔にはこの他にも主に西側の沿岸に塩沼地があるが、卯原内川河口のものが最も大きい。

卯原内川はかつては現在より東側に河口をもっていたが、その後西側に切り替えられた現在、能取湖のアッケシソウ群落として名高い塩沼地群落は、その切り替え以前からあったものだが、河口切り替えに先立ってその保全が検討され、アッケシソウの種子の寄り付きが期待されるような低平な泥湿地の造成が行われた結果、現在みられるような見事な群落が形成されるようになった。

毎年、塩沼地をなだらかな形状に整える作業が行われる。

9月の紅葉の季節には観光客が絶えない
能取湖卯原内はアッケシソウの名所

| 種類 | 塩生湿地 |

| 植生 | 卯原内川河口の群落は半人工的なもので、ほぼアッケシソウに占められるが、中には自然にウミミドリやウシオツメクサ、ハマハコベ、オオシバナなども入ってきている。西側の自然の群落ではアッケシソウよりもオオシバナやウミミドリの方が多い所があり、陸岸にかけては主にヨシ群落が広く展開する。 |

| 見所 | アッケシソウが最も集中しているのは卯原内川河口で、見頃は9月上旬から中旬である。季節には国道238号に入口のサインがでる。広い駐車場から一望できるし、群落の中に広い木道が設置されるのでハイヒールでも探勝できる。
常呂町へ向かう国道から西側の湖畔の自然の群落もよくみえる。人によってはこちらの方が美しいともいう。

アッケシソウはアカザ科の一年草で、塩生植物の中で最も耐塩性のある植物である。世界の塩沼地に広く分布するが、日本では厚岸で最初に記録されたのでこの和名が与えられた。しかし、能取湖ではサンゴソウと呼ばれる。これはその赤く色づいたものが珊瑚に見立てられたことによる。

種子は漂着した海岸で発芽する。水鳥に付着して運ばれることもあるらしい。

サロマ湖

国内第3位の面積を誇るサロマ湖。ワッカ原生花園から北西を望む

湖岸に並ぶ さまざまな湿原の顔

19. Lake Saroma

概説 サロマ湖はオホーツク沿岸南部にある周回約100kmの北海道最大の潟湖。面積152km²は琵琶湖，霞ケ浦に次ぐが水深は浅く最大でも約20mにすぎない。オホーツク海とは長さ約30kmに達する細長い砂州で境されているが，現在では2つの永久湖口が開かれているので海水が満干潮時に流入交代し，塩分濃度はほとんど海水そのものである。かつてはほぼ淡水で毎年春の満水時に湖口を人工的に切り開いていた。砂州の最も高い所は約20m，幅は広い所で約300mある。

海産物の多い場所として先住民の生活の場となってきたとみられ，周囲に多くの住居趾がある。サロマの名はサロベツと同じくアイヌ語のサル・オマ・トーすなわち「葦原のある湖」からきたものとされ，これはもっぱらこの湖に注ぐ佐呂間別川の河口の景観からの名らしい。ヨシのある河口は湿原そのものであるが，サロマ湖の湿原としては北西部砂州にあるサギ沼，同じく北西部内陸側の丁寧(ていねい)にある鶴沼，および湖のほぼ中間に

サロマ湖周辺の塩生湿地の1つ，鶴沼

あるキムアネップの3カ所を指す。

　近来，アッケシソウがやや衰退の傾向にあり，これは河口がしばしば閉塞されるために海水の流入が少ないことに起因すると思われる。現在，条件の改善が進んでいる。

種類　塩生湿地

植生　3カ所とも，塩沼地植物群落としてはアッケシソウ，ウミミドリ，ハマシオン，オオシバナ，ウシオツメクサなどを主な構成要素とする。周囲にはヨシ群落が発達する場合が多い。キムアネップ岬ではヒオウギアヤメ群落が一部にみられる。

地史　サロマ湖は約8000年前に海湾であったものが6000年ないし5000年前の縄文海進のピークには深く入り込んだ内湾になり，約1000年前に現在の形のサロマ湖になったとみられる。内湾の時代には一部で能取湖とつながっていた。

見所　サギ沼は湖の北西にあるほぼ円形の沼でキャンプ場のある三里浜への道路から近い。ここもアッケシソウ，オオシバナ，ウミミドリなど塩沼地植物群落が主な所だから秋に色づいた頃が見頃。

　鶴沼はサロマ湖の西端丁寧にあって防風林の陰になって別天地の趣きがある。小さな沼のように本湖から切り離されているが狭い水路でつながり，そこに吊り橋がかかっている。橋の手前に駐車場があり，説明板がある。橋を渡って砂州を歩くといい。右側の沼沿いにアッケシソウ，オオシバナ，ウミミドリなどがみられる。

　キムアネップはサロマ湖南側の国道238号から分かれる道道キムアネップ岬－浜佐呂間線の先端キムアネップ岬にあり，通称ハマナス道路にほぼ囲まれる部分で，放牧地に発達した塩沼地植物群落である。一部にヒオウギアヤメ群落があり，初夏6月頃には美しい。

コムケ湖 [20]

こむけこ

コムケ湖は60kmも続く海跡湖群の一﹇

海と陸とのせめぎあい

20. Lake Komuke

概説 コムケ(小向)湖はオホーツク海に面する紋別市の南端部に位置する古くはその南東に続くシブノツナイ湖を介してサロマ湖とつながった大湖の一部であったらしい。今ではここに流入するオンネコムケナイ川の運んだ土砂が堆積してその水面は大きく3つの部分に分けられている。

一番東にある最も大きな部分はやや円形に近くて直径は3kmほど，そして西の小さい部分は2つの三角形を並べたような形でその一辺は1.5kmほど。一番西の湖は三角形というより菱形，それも本物のヒシそっくりの形をしている。

アイヌ名のコムケ・トーは「曲がった沼」を意味するという。確かにそれは曲がっていて大きな南の湖を頭とする胎児にもみえるしひしゃげた鍵にもみえる。

このあたりは北海道の三大特殊土壌の1つ重粘土地帯の代表的な所で，その分布もまたこの湖の形成に関わっている。重粘土は始末に悪い土壌で水を含めばどろどろに，乾けは

コムケ原生花園には季節の花々が咲き乱れる

セメントまがいに固まってしまう。

種類 低層湿原，沼沢湿原

植生 湖畔にはハンノキーヨシ群落が広がる。岸近くにはオオカサスゲ群落，ガマ群落，フトイ群落，ミツガシワ群落，オニビシ群落がみられる。

見所 湖岸はほとんどがヨシ原で占められる。原始的なヨシ原の光景が湿原としては最も特徴的である。

オホーツク海を境する細長い砂州には海岸草原が発達する。ここは小清水海岸やサロマ湖のワッカ原生花園，あるいは枝幸のベニヤ原生花園と違って訪れる人もはるかに少なく自然がよく保たれている。訪れるには6月から8月がよい。国道238号から入り込む道にはヨシ原はあまり多くはない。オンネコムケナイ川の少し先から共和の北の湖のくびれに

7月のコムケ湖

橋がある。

コムケ湖とシブノツナイ湖の間にオホーツク紋別空港があって、これは海岸草原の真ん中に着陸するようなものだったが、惜しいことに最近もっと北に移転した。

この湖には春秋の渡り期に多くのシギ類が渡来し、オオハクチョウ、オナガガモ、ヒドリガモも渡りの羽を休める。

159

クッチャロ湖

くっちゃろこ

大きな海跡湖には草地化の波が迫っている

クッチャロ湖への誘い

白い旅人の宿り

21. Lake Kuttcharo

概説 クッチャロ湖の湿原とはクッチャロ湖とポン沼の湖岸を取り巻く低平な湿地帯を指し，レカセウシュナイ川，仁達内川，ポン仁達内川，ヤスベツ川など7本の流入河川沿いに発達している。

クッチャロ湖は海岸段丘に囲まれた大沼，小沼，ポン沼からなる海跡湖で，湖沼面積は道北地方最大の14.02km²，周囲27km，平均水深1.5mの汽水湖である。小沼の北岸にアカエゾマツ林とミズゴケ湿原，西岸に規模の大きいハンノキ林が成立しているが，湿原の大部分はヨシ・スゲ群落で占められている。クッチャロ湖の鳥類相は特に豊かで，現在，絶滅危惧種を含め約230種が確認されており，コハクチョウなど水鳥の渡りの中継地としてもよく知られている。

クッチャロ湖の湿原は北オホーツク道立自然公園特別地域，国設鳥獣保護区，ラムサール条約登録湿地(1989年)に指定されている。またクッチャロ湖畔には北海道指定の史跡「浜頓別クッチャロ湖畔竪穴群」がある。

大沼畔はヨシ・スゲ群落に覆われる
小沼の岸には立ち枯れ木が目立つ

|種類| 低層湿原

|植生| 湖岸に広がる低層湿原の植生はヨシーイワノガリヤス群落とヤチヤナギームジナスゲ群落が優占的であり，水位の高い岸辺にヤラメスゲ群落が成立している。これらの群落ではヨシやスゲ類と一緒にアカネムグラ，ナガボノシロワレモコウ，ヒメシダ，サワギキョウ，ヒメシロネなどが生育している。小沼北岸のアカエゾマツ林の林床にはクマイザサ，ヨシ，ヤマドリゼンマイ，ゼンテイカ，ミズバショウなどが多い。アカエゾマツの根元や倒木上にはミズゴケ類やホロムイイチゴ，マイヅルソウ，エゾイチゲなどがみられる。水辺にはフトイ，ガマ，ミクリなどの抽水植物やヒシが多く，水鳥の餌場となっている。

|見所| 広大な湖と湿原，森林，酪農景観とが一体となった北国を代表する優れた景観をもつ湿原である。クッチャロ湖はハクチョウ類やカモ類をはじめとする多くの水鳥の渡来地であり，特にシベリアから渡ってくるコハクチョウの最初の中継地として国際的にも重要な湿原である。

　湖の南東側には道立自然公園の集団施設，国設鳥獣保護区管理棟，水鳥観察館，白鳥の館，キャンプ場などがあり，自然環境教育や観光，リクレーションの場として多くの人々に親しまれている。

161

モケウニ沼

モケウニ沼と最上流の第一沼

モケウニ沼への
　　誘い

それは
牧草地の中に残った

22. Mokeuninuma Mire

概説　モケウニ沼は北オホーツク沿岸浅茅野台地の東縁に位置する海跡沼で，最大水深4m，周囲3.4kmの沼である。上流に第一沼，北東部に小沼があり，それぞれ水路によってモケウニ沼と連結している。モケウニ沼の水は浅茅野側の水路に流出し，モケウニ川の源流部となっている。

沼や小河川周辺の陸域は低層湿原であり，沼の北部には大規模な湿原系アカエゾマツ林とミズゴケ湿原が発達している。

第一沼と小沼を含む面積約700haほどが道立自然公園特別保護地域に指定されている。

別名浅茅野湿原とも呼ばれる。モケウニ沼は比較的人為の影響の少ない湿原であるが，近年，周辺台地の草地化や農道の整備などが進展し，湿原への環境負荷の影響が懸念されている。

種類　低層湿原（一部高層湿原）

台地からモケウニ沼の俯瞰

植生 3つの沼と周辺の水路には40種以上の水生植物や湿原植物が生育しており，北オホーツク沿岸に点在する湖沼群の中でも種多様性の高い湿原である。水深2m以上の沼や水路ではエゾベニヒツジグサ，ネムロコウホネ，オヒルムシロなどの浮葉植物やオオタヌキモ，ウキクサなどの浮遊植物が多く，やや水深が浅くなるとコウホネ，タマミクリ，ミクリ，ヒメカイウ，フトイ，マコモ，ヨシなどの抽水植物が生育している。沼岸や浅い水路ではミツガシワ，クロバナロウゲ，ツルスゲ，ドクゼリ，ヤチヤナギなど浮芝をつくる植物やカキツバタ，ミズバショウ，オオカサスゲなどの群落もみられる。

低層湿原ではヨシ－イワノガリヤス群落とヤチヤナギ－ムジナスゲ群落が広範囲に分布する。沼岸や水路沿いにはツルスゲ群落やヤラメスゲ群落が分布し，景観的に地味であるが，湿原内の浅い流路や池塘，滞水凹地には花の美しいミツガシワ群落やカキツバタ群落がみられる。ここにはヤチスゲ，ミカヅキグサ，クロバナロウゲ，サギスゲ，モウセンゴケ，ヒメタヌキモなどが生育している。水位変動の少ない小沼の周辺やモケウニ沼北部のアカエゾマツ林の周辺には小面積ではあるがヌマガヤ，ホロムイスゲ，ヤチヤナギ，ヤマドリゼンマイ，ムジナスゲなどの多いヌマガヤ群落やホロムイイチゴ，ツルコケモモ，タチギボウシ，ヒメシダ，オオミズゴケ，ヒメミズゴケなどからなるホロムイイチゴ－ツルコケモモ群落が分布している。

モケウニ沼北部の矮生アカエゾマツの散生するミズゴケ湿原では，滞水凹地からの比高20cm以下の低いブルトやローンにホロムイイチゴ－ムラサキミズゴケ群落とホロムイイチゴ－サンカクミズゴケ群落，滞水凹地にカキツバタ－サンカクミズゴケ群落が分布している。ローンの群落の基本構成種はカラフトイソツツジ，ツルコケモモ，ワタスゲ，ハイイヌツゲ，タチギボウシ，ショウジョウバカマ，トキソウなどであり，特にホロムイイチゴが多く，コバイケイソウが生育することも特徴である。滞水凹地にはカキツバタが多い。ミズゴケ湿原とアカエゾマツ林の境界にはヨシ群落が成立している。アカエゾマツ林の林床にはチマキザサ，ヨシ，ミズバショウ，カラ

フトイソツツジ，アカミノイヌツゲ，ヤマドリゼンマイなどの他，ホロムイイチゴが多く，これは北オホーツク沿岸湿原の特徴でもある。湿原内の流路や沼岸にはハンノキ林が帯状に分布する。またアカエゾマツの択伐や野火などの人為の影響のある丘陵山足部ではケヤマハンノキの優占する林分もみられる。

地史 泥炭層の厚さはモケウニ沼南部で2～2.4m，北部の高層湿原で2.8～3.2mである。底層は重粘土層で，下位より低位泥炭から高位泥炭への変遷が認められ，湖沼の陸化過程をうかがうことができる。年代測定値はないので，形成年代については不明。

見所 沼と湿原とアカエゾマツ林が調和した北国特有の美しい景観をもつ湿原である。ワタスゲやサギスゲの白い果穂が湿原を埋め，ハンノキやケヤマハンノキの新葉が展開する6月下旬にはコバイケイソウ，カキツバタ，ホロムイイチゴ，トキソウ，サワラン，ツルコケモモなどが咲き，湿原の最も美しい季節である。

モケウニ沼に行くには，浜頓別町から国道238号を10kmほど北上するとやがて北オホーツク道立自然公園モケウニ沼の案内板がある。そこから南東へ農道を走るとモケウニ沼に着く。牧草地になっている台地から沼と湿原全景の雄大な眺めを堪能できる。沼岸まで木道が敷かれており，湿原植物を間近に観察できる。花をみるなら，ヒメシダの若葉とワタスゲの白い果穂が湿原を埋める6月下旬から7月上旬がいい。

北側の湿原(通称，浅茅野湿原)に行くには，国道をさらに北上してエサヌカ海岸に通じる農道を東に走ると，沿線にアカエゾマツの生育する独特の景観をもつミズゴケ湿原がみられる。オオタヌキモ，エゾベニヒツジグサ，ネムロコウホネ，ヒメカイウなどさまざまな水生植物も道路側溝に咲いている。この湿原は北オホーツク沿岸の原始の面影を残す貴重な湿原で，一部は道立自然公園特別保護地区として保護されており，立ち入るには許可が必要である。訪れる人は少なく，鳥のさえずりを聞きながら静かに探勝できる。

164頁：湿原周辺のアカエゾマツ林，　165頁：湿原内の矮生アカエゾマツ (橘ヒサ子撮影)

猿払川湿原 ㉓

さるふつかわしつげん

瓢箪沼と第二沼

猿払川湿原への誘い

ヨシの川に沿って延びる谷戸

23. Sarufutsu Mire

概説 　猿払川湿原は猿払川流域の氾濫原に成立した湿原で、下流域ほど湿原の幅が広く、浅茅野付近では約3kmに達する。猿払川は河床勾配が極めて緩やかなため蛇行の激しい自然河川である。湿原の大部分はヨシ、スゲ類からなる低層湿原であるが、中流部にはヌマガヤ、ミズゴケ類からなる中・高層湿原もみられる。河川の自然堤防にはハルニレ、ヤチダモ、ハンノキ、オノエヤナギなどの河畔林が広く分布している。

　下流部からカムイト沼にかけての広い地域に良好なアカエゾマツ林が発達している。カムイト沼は古い時代の海跡湖で面積0.19km²、周囲2.3km、最大水深5.2m、平均水深3.5mの淡水湖で、アカエゾマツ林に囲まれた美しい沼である。カラフトマリモが生育することで知られており、北オホーツク道立自然公園特別地域に指定されている。

種類 　低層湿原（一部中・高層湿原）

猿払川湿原の景観
丸山は湿原の島のような存在

植生 　低層湿原の大部分はヨシ－イワノガリヤス群落とハンノキ林である。ここにはミズバショウ，サワギキョウ，ナガボノシロワレモコウ，ヤナギトラノオ，クサレダマなど低層湿原にお馴染みの植物の他，ショウジョウバカマ，コバイケイソウ，カキツバタ，カラマツソウ，ゼンテイカ，エゾリンドウなど花の目立つ植物も生育している。中流域の丸山付近にはヌマガヤ，イボミズゴケ，ホロムイスゲ，ワタスゲ，ヤチヤナギ，ハイイヌツゲ，ヤチカワズスゲなどの生育する高層湿原がある。緩やかな傾斜地に滞水凹地が多数発達しており，ヤチスゲ，ムセンスゲ，ミカヅキグサ，ホロムイソウ，カキツバタ，ミツガシワ，モウセンゴケ，ミズドクサなどが生育している。

　丸山の西に河跡湖の三線沼と呼ばれる小さな沼があり，ネムロコウホネが生育している。沼の周囲はミズゴケ湿原になっている。沼岸はツルスゲ，クロバナロウゲ，ミツガシワ，カキツバタ，ヌマゼリなどが浮芝の群落をつくっており，踏み外すと危険である。

　湿原周辺にはヨシ－イワノガリヤス群落やムジナスゲ群落，ヤラメスゲ群落，ハンノキ・ヤチダモ林などの低層湿原植生が広く分布している。

見所 　蛇行する猿払川の沖積低地に発達した，原始の面影を残す貴重な湿原。一部を除いて，湿原への接近は難しい。

ポロ沼湿原 [24]

猿骨沼に続く湿原

ポロ沼湿原への誘い

水鳥のエルミタージュ

概説 ポロ沼湿原は狩別川と猿払川が合流するポロ沼の周囲と旧天北線の鉄道敷の西側にあるキモマ沼の岸辺に発達する湿原を指す。ポロ沼とキモマ沼はキモマ川によって連結している。ポロ沼は面積1.95km²，周囲6.0km，平均水位1.5mの浅い汽水湖で，フサモ，エビモ類，コアマモなどが生育している。コハクチョウなど水鳥の渡りの中継地として知られ，鳥獣保護区に指定されている

キモマ沼は面積0.26km²，周囲2.5km，平均水深2.0mの小さい淡水湖である。北部には猿骨川河口に猿骨沼があり，周辺はヨシ，スゲ類の低層湿原になっている。鉄道敷を隔てて西側にはヌマガヤ，ミズゴケ類の生育する中間湿原やアカエゾマツ林が分布している。周辺台地は牧草地になっており，沼の富栄養化が懸念されている。

種類 低層湿原

24. Porotoh Mire

台地から見下ろすポロ沼
カリベツ川の河口

植生 　水辺にはフトイ群落やエゾホソイ群落がみられるが、沼の周囲はヨシ群落になっている。ヨシの他、ドクゼリ、ミツガシワ、クロバナロウゲ、アキノウナギツカミなどが生育し、水路沿いにハンノキ林やオノエヤナギ林が成立している。キモマ沼はかつてカラフトマリモの生育地として知られていたが、周辺丘陵の草地化の進展と共に富栄養化が進み、現在ではその分布が確認されていない。ネムロコウホネ、エゾベニヒツジグサ、ヒシなどの浮葉植物が分布している。

　猿骨沼上流の湿原の代表的な植生はヌマガヤーホロムイスゲ群落である。ヌマガヤ、ホロムイスゲの他、ヤチヤナギ、タチギボウシ、コガネギク、ツルコケモモ、ホロムイイチゴ、モウセンゴケ、コバイケイソウ、トキソウ、サワラン、ヒメミズゴケ、オオミズゴケなどのミズゴケ類が生育している。湿原内の浅い沼にはヤチスゲ、ミツガシワ、クロバナロウゲ、カキツバタ、ヌマゼリ、サケバミズゴケなどが群落をつくっている。湿原周辺のハンノキ低木林の林床にはイワノガリヤス、ヌマガヤ、ヤチヤナギ、ヨシなどが多い。

見所 　ポロ沼湿原はシギ・チドリ類、ガン・カモ類、コハクチョウなど水鳥の渡来地としての知名度が高く、観察に訪れる人が多い。植生はヨシ群落とハンノキ林が大部分で景観的に地味であるが、猿骨沼上流の湿原はモケウニ沼湿原と似た景観で、北方の湿原を特徴づけるものである。

メグマ湿原 ㉕

稚内空港は湿原の一部

メグマ湿原への誘い

飛行機とハクチョウ
舞い降りる
最北の湿原

25. Meguma Mire

概説 メグマ湿原は北海道本島最北の湿原で稚内市の東部にある。というよりも，稚内空港を降りたらそこが湿原だ。古い空港は宗谷海峡に面する砂丘の上にあったが，拡張されて現空港がつくられたときに砂丘背後の湿原の一部が埋め立てられて空港ビルなどが建設された。そこでほとんど湿原そのものに離着陸する案配になった。離着陸する飛行機の窓から湿原が眼下にみえるというのは珍しい。空港ビルからでて稚内市や宗谷岬へ向かう道の両側にも湿原の花々がみられる。

湿原の一番東側に湿原の名になったメグマ沼がある。これは直径約500mほどのほぼ円形の沼で，泥炭地特有の黒い水をたたえる。南側は低い宗谷丘陵の末端が迫り，北側は砂丘を介して宗谷海峡に面する。

種類 中間湿原，低層湿原

湿原にはササの侵入が著しい

植生 　丘陵に近い部分ではヨシ，ミズバショウ，ハンノキなどの多い低層湿原がみられる。中央部は中間湿原でゼンテイカ，ワタスゲ，カラフトイソツツジ，ガンコウラン，ヒメシャクナゲ，タチギボウシ，ノハナショウブなどが多い。中央部には若干のミズゴケ群落もあるが，概して水位は低下しつつあってササの侵入が著しいことが気になる。

　周辺の台地沿いにはミズバショウ，エゾノリュウキンカ，バイケイソウなどの群落がみられ，ハンノキ林とヤチダモ林がある。

　湿原の一番東にメグマ沼があり，ここにはミツガシワ，ヒシ，コウホネ，ネムロコウホネ，ヒルムシロ類などがみられる。

メグマ沼は海跡湖

見所 　やはり空港に近いということを利点として空中からみる，というのがいいだろう。もっとも離着陸というごく限られた時間内で，しかも天気でもよくないと駄目，という不確実さはあるが。空港ビルからなら問題はない。コーヒーでもビールでも飲みながらの観賞ができる。6月ならワタスゲの白い穂が，7月ならゼンテイカのオレンジの花が美しい。

　湿原の南側の丘陵にはゴルフ・コースがありカントリークラブからも広く望見できる他，メグマ沼付近から空港近くまで観察用の木道が敷設されている。

沼浦湿原 26
(ぬまうらしつげん)

オタトマリ沼は爆裂火口の跡

沼浦湿原への誘い

利尻岳を背に

26. Numaura Mire

概説 利尻島内にある3つの湿原のうちの1つである。海岸に程近い南部の沼浦に位置し、面積は約38haで、利尻礼文サロベツ国立公園に含まれる。規模の大きな爆裂火口跡に湿原が発達したもので、三方は溶岩による崖で囲まれている。

湿原内にはオタトマリ沼と三日月沼の開水面が残る。沼の周囲は主にヨシ群落で覆われているが、他の部分は樹高10m前後のアカエゾマツの疎林となっている。

種類 低層湿原, 中間湿原

植生 オタトマリ沼および三日月沼周辺の低層湿原植生は、ヨシ群落とヨシ−ヌマガヤ群落である。ヨシ群落ではヤナギトラノオ、イワノガリヤス、アゼスゲ、サワギキョウ、エゾシロネ、カキツバタ、クサレダマなどがみられる。ヨシ−ヌマガヤ群落では、上記の種に加えヌマガヤが高い優占度

利尻山を背にする低層湿原

で出現する。
　アカエゾマツ林の林床ではクマイザサが優占するが，樹々の間のアカエゾマツで被陰されていない部分では，クマイザサの下にムラサキミズゴケやイボミズゴケなどのミズゴケ類がマット状に広がり，その中にカラフトイソツツジ，ハイイヌツゲ，ミツバオウレン，ツルコケモモ，モウセンゴケなどが生育している。

地史　利尻島内で爆裂火口跡に成立したもう1つの湿原である南浜湿原の植生が，アカエゾマツを伴ったミズゴケ湿原であることから，沼浦湿原は南浜湿原よりも陸化が進行したものと推測される。湿原の成立年代や成立過程については不明である。

見所　オタトマリ沼周辺は駐車場や売店が整備されており，アクセスは容易である。ただし，アカエゾマツ林内あるいは三日月沼までは特に道は整備されておらず

隣接する南浜湿原のアカエゾマツ湿地林（冨士田裕子撮影）

一部に踏み跡らしきものが存在するだけで，一般に人は立ち入らない。
　アカエゾマツ湿地林を散策するならば，沼浦湿原から約2km西南に位置する南浜湿原がよい。アカエゾマツが疎生するミズゴケ湿原内に木道が整備されており，湿原特有の植物を春から秋まで楽しむことができる。

サロベツ湿原

サロベツ川とオンネベツ川の合流

サロベツ湿原への誘い

利尻岳を望む
広大な湿原と長沼群

27. Sarobetsu Mire

概説 サロベツ湿原は北海道の最も北に位置する日本最大の高層湿原である。その規模はかつては南北に約27km、東西に最大幅約8km、面積14,600haで、石狩泥炭地と釧路湿原に次ぐ大形の湿原であったが、1960年代以降の大規模開発の進展と共に急速に減少した。現在の面積はペンケ沼、パンケ沼など大形の湖沼を含めて約6,700ha、そのうち1,610haが国立公園特別保護地区に指定されている。

湿原としての特徴はまず地形的に湿原の周囲を河川（サロベツ川）が周回して流れていることで、湿原を川が貫いて流れる釧路湿原とはこの点で異なる。河川が周回しているために湿原の主部は河川の影響を受けないため、殊に中央部では各所に高層湿原がよく発達している。これは水位の変動が少なく、かつ周辺からの栄養物質、土砂などミネラルの供給が少ないためである。

湿原は西側の数列の砂丘で日本海と隔てられている。砂丘列の間には多くの細長い砂丘

海岸に沿うジュンサイ沼などの長沼群

幌延ビジターセンター近くの長沼

沼があり，そのいくつかは浅くなって湿原化しつつある。サロベツ湿原の中央部は数種の高層湿原の群落を中心として中間湿原，低層湿原がこれを取り巻くように同心円状に配列するのが特徴である。

サロベツの名はサル(Sar)すなわちヨシの多い川(Pet,ペツ)からきている。現在の地名としてもこの湿原の中心の町，豊富のすぐ北の駅名に芦川として残っているが，湿原の中央部よりも周辺でヨシなどを利用していたアイヌ民族にはそのイメージが大きかったのではないかと思われる。

近年，河川改修や排水路の建設によって地下水位の低下や地盤沈下などの環境変化が起こっており，中間湿原や高層湿原でのササの増加と分布域の拡大が指摘され，湿原植生保全のための調査研究や対策が講じられている。

種類 高層湿原

植生 湿原の各所に高層湿原が広く分布していて，そこにはミズゴケをベースとした群落が展開している。サロベツ湿原を特徴づける植生はイボミズゴケ，ムラサキミズゴケ，ホロムイイチゴ，ヌマガヤを主体とするホロムイイチゴ－イボミズゴケ群落とホロムイスゲとツルコケモモが特に多いサンカクミズゴケ群落など，高層湿原ローンの群落である。これらは主に上サロベツ湿原の通称「丸山道路」を挟んで北側と南側に広く展開している。下サロベツ湿原ではパンケ沼南部の高層湿原一帯に分布している。道東の湿原で卓越するガンコウラン，カラフトイソツツジ，ホロムイツツジ，ヒメツルコケモモなどの矮生灌木を伴ったチャミズゴケブルトの植生はサロベツ湿原では稀であり，湿原中心部に散生するにすぎない。またブルトは低く，比高30cm内外で規模も小さい。

池塘やシュレンケの植生も多彩で高層湿原に広く分布している。特にナガバノモウセンゴケ－ヤチスギラン群落とウツクシミズゴケ

上サロベツ湿原のゼンテイカ

群落はサロベツ湿原を特徴づける群落で，ミカヅキグサ，ホロムイソウ，ヤチスゲ，オオイヌノハナヒゲ，シロミノハリイ，ハリミズゴケなどを伴っている。また旧河道跡の湿地溝にはヒメカイウ，ミツガシワ，カキツバタ，ヤチヤナギ，クロバナロウゲ，サケバミズゴケを主な構成種とするヒメカイウ－ミツガシワ群落がみられる。

中間湿原にはヌマガヤ，ホロムイスゲ，ヤチヤナギ，ゼンテイカ，ワタスゲ，カラフトイソツツジ，ホロムイツツジなどを主な構成種とするヌマガヤ－ホロムイスゲ群落やヌマガヤ－ムジナスゲ群落，さらにこれらにチマキザサの侵入をみたヌマガヤ－チマキザサ群落が高層湿原を取り巻いて広い範囲に分布している。河川の氾濫原や湖沼の水辺，湿原内流路沿いにはヨシ群落，ヨシ－イワノガリヤス群落，ムジナスゲ群落，オオカサスゲ群落などの低層湿原植生がみられる。

ペンケ沼，パンケ沼および長沼ではエゾベニヒツジグサ群落，ヒシ群落，ジュンサイ群落，ネムロコウホネ群落などがみられる。これらの浮葉植物群落とマコモ－ヨシ群落，ガマ－フトイ群落，コウホネ群落などの抽水植物群落は海岸に数列になって並ぶ砂丘沼にもみられる。

サロベツ湿原ではアカエゾマツ群落の発達は著しくないが，下サロベツ湿原の高層湿原や北の芦川付近では群落がみられる。下サロベツ湿原ではミズゴケ類が，芦川付近ではヨシやミズバショウが林床に多い。ハンノキ群落も発達は著しくない。北部ではかつてハンノキ－ヨシ群落が発達していたが，そのほとんどが人工草地に転じた。現在はペンケ沼，パンケ沼，長沼周辺，サロベツ川沿いにまとまった林分がみられるだけである。またサロベツ川やペンケ沼に流れ込む排水路沿いにはオノエヤナギ林やオニシモツケ，オオイタドリの優占する河辺草本群落も分布する。

地史　サロベツ湿原の起源は天塩川河口に形成された砂丘帯によって成立

サロベツ川の蛇行と無名沼

した潟湖（古サロベツ湖）である。およそ8000〜7000年前の縄文海進期頃から局部的に潟湖の埋積が始まり、全面的な泥炭地の発達は5000〜4000年前と推定されている。

見所 サロベツ湿原の見所はやはりそのスケールの大きさであろう。最寄りの駅豊富から海岸の稚咲内までの道路が上サロベツ湿原の中央部を東西に貫く。その真ん中に環境省のビジターセンターがあって湿原の情報がえられるし、2階からは周囲180度の展望が開ける。晴れた日には砂丘を越えて西側に利尻山が望めるだろう。

ビジターセンターから木道が湿原の中にのびていて植物を間近に観察できる。一周ゆっくり歩いて1時間くらいか。木道のまわりにはモウセンゴケやヒメシャクナゲ、ガンコウラン、カラフトイソツツジ、ホロムイツツジ、ツルコケモモなどの矮生灌木類をはじめとして季節によってワタスゲ、ゼンテイカ、ノハナショウブ、ヒオウギアヤメ、サワラン、トキソウ、タチギボウシ、サワギキョウ、コカネギクなどの花々が楽しめる。特にゼンテイカの花が咲く7月は湿原の最も華やかな季節だ。

サロベツ湿原へは豊富町から入るのが最も一般的だが、車なら天塩町から天塩大橋で天塩川を渡って海岸道路を北進し、稚咲内から東に入るのもよい。またその途中の音類から東に入るとサロベツ湿原の南部（下サロベツ湿原）をみることができる。ここには幌延町が管理する環境省下沼ビジターセンターがある他、その前にかなり高い展望台があってそこからの眺めもいい。ビジターセンターから長沼を通ってパンケ沼まで木道が敷かれていて、湿原植物やネムロコウホネ、エゾベニヒツジグサ、ジュンサイなどの水生植物を間近に観察できる。また、ここから北に進むと湿原の中のパンケ沼まで行ける。長沼はパンケ沼と共にたくさんの水鳥が集まる。パンケ沼の沼畔にはバードウォッチングの小屋が建てられている。

蝦夷梅雨の頃，長沼の水辺に咲く植物

美唄湿原 28

びばいしつげん

水田・畑に囲まれて長方形に残った高層湿原

美唄湿原への
誘い

いにしえの
石狩泥炭地の面影

28. Bibai Mire

概説 明治以降の開発によって失われた日本最大の湿原である石狩泥炭地内に残存する2つの湿原の1つである。美唄市北西部，開発南に位置し，面積約38haで道路と明渠によって大きく2カ所に分断され，美唄市教育委員会および北海道農業研究センター水田土壌管理研究室美唄分室がそれぞれを管理している。

石狩泥炭地の湿原は，北海道の開拓，とりわけ農地開発により多くは水田にかえられ，次々とその姿を消した。残存湿原の周囲には排水路が張り巡らされ，その影響で乾燥化と植生遷移の進行が著しい。美唄湿原周辺では近年，水田から畑地への転換によってさらに強い排水が進み，急激な地盤沈下が起こっている。高層湿原植生が残るのは，美唄分室所有地の南側の中心部数haのみである。

種類 高層湿原

周囲の耕地は地盤沈下して湿原からはみえない
ゼンテイカの頃

植生 ミズゴケ類からなる高層湿原植生は湿原の中心部に限られており、その周囲は低木類やササで覆われている。美唄市教育委員会が管理する部分と、美唄分室が管理する部分の北側は乾燥化が激しく、高木のシラカンバなどの樹木の侵入が著しい。かろうじて残存する高層湿原植生の部分は、主にヌマガヤーイボミズゴケ群落からなるローンの植生で覆われ、所々にオオイヌノハナヒゲやミカヅキグサが優占するシュレンケの植生が残存している。高層湿原周辺部はヤマウルシ、ハイイヌツゲ、ヤチヤナギを伴ったヌマガヤーホロムイスゲ群落となり、さらに外側は、チマキザサとヤマウルシが優占する群落に広く覆われている。

地史 石狩泥炭地とは石狩川とその支流によって形成された沖積平野に発達した面積550km²の泥炭地を指す。泥炭地は4000年前頃より形成された。

見所 石狩泥炭地にかつては広い面積で分布していた高層湿原植生の片鱗がみられる貴重な場所。ただし美唄分室が管理する部分では、湿原保全のための研究が行われており、観察には事前連絡などが必要である。わずかに残存する高層湿原ではミズゴケ類の他、ツルコケモモ、トキソウ、カキラン、モウセンゴケ、ワタスゲ、ウメバチソウ、ホロムイリンドウ、ヤチスギラン、ホロムイソウ、サワシロギクなどもみられる。

月ケ湖湿原 [29]

山裾からの湧水を集めて沼が成立している

月ケ湖湿原への誘い

開発により失われた
湿原の末裔

29. Tsukigaumi Mire

概説 美唄湿原と共に日本最大の湿原であった石狩泥炭地内に残存する湿原である。月形町南西部，増毛山地から続く丘陵部に接する石狩泥炭地の縁部に位置し，面積は約41haで，湿原に接して大沼（月ケ湖）と小沼を有する。一帯は学術保護地区に指定されている。

現在ミズゴケ類主体の高層湿原植生がみられるのは，小沼北東岸および大沼南岸の約5haのみである。湿原と農地の境界には排水溝が掘削され，湿原周縁部は，ときには植生高が2mにも及ぶチマキザサ群落で覆われている。また，湿原内部へのヤマウルシなどの低木やチマキザサの侵入が著しい。さらに近年は，北アメリカ原産の帰化植物，クロミキイチゴが繁茂し，その生育面積は徐々に拡大している。

この付近は，かつては篠津原野と呼ばれた石狩川西岸泥炭地帯の北部にあたり，広大な湿原が広がっていた。しかし，1910年代までに湿原の60％近くが開発され，さらに1950

大沼湖畔のミズバショウとエゾノリュウキンカ
高層湿原内のヤマドリゼンマイ群落

代から1970年代初めまでに，泥炭地の縁部に位置する月ケ湖湿原を残して大部分は開発された。

種類 高層湿原

植生 ミズゴケ類からなる高層湿原植生は上記の2カ所に限られ，主にイボミズゴケやムラサキミズゴケからなるミズゴケのマット上にヌマガヤ，ツルコケモモ，ミカヅキグサなどが生育する平坦な植生（ローン）で覆われている。ここではウメバチソウ，ヒメシャクナゲ，カキラン，ネバリノギランなどが特異的に出現する。ローン内にはオオイヌノハナヒゲ，ミカヅキグサが優占しエゾホシクサ，ムラサキミミカキグサ，ヤチスゲ，ユガミミズゴケなどが生育するシュレンケの植生が点在している。さらに高層湿原内には，低木層の発達したヤマウルシ－ヌマガヤ群落がパッチ状に散在している。ここではヤマウルシの他に，ノリウツギ，カラフトイソツツジ，ホロムイツツジなどの低木の生育が著しく，ワラビ，チマキザサの侵入もみられる。

見所 石狩泥炭地内で高層湿原植生がみられる貴重な場所。ミズゴケ類の他，上記の種に加えトキソウ，ヤチスギラン，ホロムイリンドウ，サワシロギク，モウセンゴケ，サワギキョウ，ミタケスゲなどもみられる。

183

マクンベツ湿原

石狩川の最も下流の蛇行部が湿原となっている

マクンベツ湿原への誘い

大河の川辺に残る
ミズバショウの
大群落

30. Makunbetsu Marsh

概説 マクンベツ湿原とは，石狩川下流部の河口橋に近い標高10m以下の低湿な洲上に広がる面積40haの湿地帯を指すここにはハンノキ湿地林，ヤナギ林，ヨシ，イワノガリヤス，ツルスゲなどが優占する低層湿原植生が分布する。

　高さ12m前後のハンノキを主体とする湿地林の林床にはミズバショウが群生しており，道内屈指のミズバショウ群生地として名高い雪解けと共に4月中旬から開花が始まり，札幌市や石狩市からのアクセスが容易であることから，開花シーズン中には5万人前後が見物に訪れる。

　石狩川下流部で河道の直線化が始まったのは1917年以降で，河口域から順次改修が進んでいった。かつてのマクンベツ湿原は現在よりも面積が広かったが，治水のための丘陵堤（生振築堤）の建設で湿原が分断され，築堤北東側のみが残る形となった。

築堤の際から容易にみられるミズバショウの大群落（冨士田裕子撮影）

種類 低層湿原

植生 ヨシーイワノガリヤス群落内では，ツルスゲの優占度も高く，他にクロバナロウゲ，エゾノレンリソウ，ヤナギトラノオ，エゾミソハギ，ドクゼリ，ミゾソバ，クサレダマ，アカネムグラ，ミズドクサなど北海道の低層湿原でみられる代表的な植物が分布している。

ハンノキーミズバショウ群落内では高木層にヤチダモが少数まじることもある。

林床ではミズバショウが優占するが，オニナルコスゲ，オオカサスゲ，ミゾソバ，ヨシ，ドクゼリ，タチギボウシ，ミズドクサなどもみられ，地下水位の低い場所にはザゼンソウも分布する。

見所 4月中旬から5月上旬まで順次開花するミズバショウの大群落の景観がすばらしい。現地まではマイカーが最も

鳥類の生息を助ける豊かな湿地林（冨士田裕子撮影）

便利で駐車スペースも十分ある。ミズバショウ群落は築堤の際まで広がっているので，築堤から容易に観察できる。

また一帯は草原性の夏鳥や猛禽類が数多く生息する場所で，バードウォッチングのポイントとしても優れている。

石狩湾からマクンベツ湿原にかけては，海浜植物と湿原植物，海鳥と草原性の鳥類を同時に観察できる格好のルートでもある。

美々川湿原 ㉛
びびがわしつげん

源流からわずか3kmほどで豊かな流れとなる

美々川湿原への誘い

木漏れ日輝く林の中に

31. Bibi Marsh

概説 美々川は石狩低地帯の南部を太平洋に流れる小さな河川である。その源流は千歳市の南,新千歳空港の南東にあって,二股に分かれ,西の1つは人工湖の千歳湖,もう1つは名前のない東の沢である。美々川はこの2つを源として途中でペンケナイ川,パンケナイ川をはじめとしていくつかの沢を集めて南下し,ウトナイ湖に注ぐ。ここまでの流程は直線でおよそ10km,曲がりを計算にいれても20kmにはならない。その限りでは決して大きな川ではない。

しかしその水量はたっぷりしていて,源流ではほんの水深10cmたらず,川幅が3mという所なのに,2kmも流れると幅5mほどでも水深はいきなり2mにもなる。そして中流部からウトナイ湖への流入部になると,もう滔々(とうとう)たる立派な流れとなる。これは主として樽前山斜面からの伏流が沢になり泉になって流入するからである。水量が多いだけでなく火山灰層を抜けてきた水は澄んでいて美しい。

水辺に湧水が連続していきなり立派な流れとなる美々川源流部
源流部の河床には砂の美しい模様が描かれている

美々川のまわりには各所に湿原が発達している。

種類 沼沢湿原

植生 源流部には外来種のオランダガラシ（クレソン）が繁茂している。中流部から下流部にかけてはハンノキ－ヨシ群落が大部分を占める。クサヨシ，イワノガリヤスが混生し，所によってミズバショウ，バイケイソウなどもみられる。
　水中にはチトセバイカモが特徴的である。

地史 美々川は主に樽前山から伏流水が集まって流れになったもので源流部には厚い火山灰層の断面がみられる。下流部になると海岸砂丘が数列にわたって並ぶ中を流れる。

見所 美々川に沿って各所に湿原が発達している。最もよく眼に触れるのは国道36号の御前水の坂から南側に広がる箇所である。ここは湿原が一番広くなる所で，ヨシ湿原がハンノキをまじえて広く展開する。春にはミズバショウが，夏ならノリウツギの白い花が，そして秋ならアキノキリンソウやサワギキョウなどもみられる。
　国道から簡単に湿原の風景を，という方にはお勧めの所だ。

ウトナイ湖

渡り鳥の聖域は交通の要衝でもある

概説 ウトナイ湖は勇払湿原最大の海跡湖で、面積2.43km²、周囲17km、平均水深0.6m、最大水深1.5mの湖である。北部から美々川が流入し、南部で勇払川へ流出する。湖はハンノキ林、ミズナラーコナラ林などの落葉広葉樹林に取り囲まれており、美々川河口と北東側には広大なヨシ湿原、スゲ湿原、ミズゴケ湿原、ハンノキ林が発達している。

種類 低層湿原

植生 美々川河口からウトナイ湖周辺の氾濫原にはツルスゲ群落とヨシーイワノガリヤス群落、ハンノキ林が広範囲に分布している。ツルスゲは匍匐茎で、伸長成長し水面に浮芝をつくる生育特性をもつスゲであり、湖岸に広く分布している。優占種の他、アカネムグラ、イヌスギナ、ミゾソバ、オオアゼスゲ、ヤノネグサ、ヤラメスゲ、ヤ

時に渡り鳥が
空を覆う海跡湖

32. Lake Utonai

湖岸を埋め尽くす低層湿原の植物

ナギトラノオ，ヒメシダなどが生育するが，花の目立つ植物が少なく，景観は単調である。

　北東側の丘陵に接する低湿地にはムジナスゲ群落とミズゴケ群落が分布している。落葉広葉樹林の茂る丘陵からの浸出水に涵養されている湿原で，水位の高い立地にはオオアゼスゲ，ヨシ，ムジナスゲ，サギスゲ，ハリガネスゲ，シカクイ，ミカヅキグサ，トキソウ，サワギキョウ，ウメバチソウ，ミズオトギリなどがみられる。水位の低い立地にはワラミズゴケ，クシノハミズゴケのブルトが散在し，クロミノウグイスカグラ，カラフトイソツツジ，ノリウツギ，ハンノキなどの木本植物やニッコウシダ，ヒメシダ，ヤマドリゼンマイ，モウセンゴケ，ヒメワタスゲ，エゾリンドウ，コガネギクなどが生育する勇払平野では数少ないミズゴケ群落の１つである。

　ウトナイ湖にはセキショウモ・クロモ群落，エゾノヒルムシロ群落，タヌキモ群落，ヒシ群落，コウホネ群落，マコモ群落，スギナモ群落などの水生植物群落が分布する。

地史　太平洋に沿った砂丘列によって内陸の山側に成立した湖沼で，泥炭層は約1.5m。樽前火山の噴出物(火山灰)を数回被っている。

見所　ウトナイ湖とその周辺の湿原は勇払湿原では最も人為の影響をうけずに保護されてきた地域である。湖周辺で確認されている鳥は240種に及び，特に秋と春の渡りの季節にはコハクチョウ，オオハクチョウ，マガンやカモ類などの水鳥が集まる。1981年５月10日，ウトナイ湖とその周辺の湿原，森林約511haが日本野鳥の会の日本最初のサンクチュアリとして開設された。その後，国設鳥獣保護区特別保護地域，ラムサール条約登録湿地に指定された。

　湖の北西岸にはネイチャーセンターがあり，常駐のレンジャーやボランティアが自然ガイドをしてくれる。道央有数の観光地で，四季を通じて訪れる観光客が絶えない。2002年に新たにワイルドライフセンターもできた。

189

勇払平野湿原群

ゆうふつへいやしつげんぐん

弁天沼

勇払平野湿原群への誘い

砂丘列の間に

33. Yuhfutsu Mires

概説 勇払平野湿原群とは勇払川と安平川の下流域およびウトナイ湖東岸の湿原，柏原台地の谷湿原，弁天沼，安藤沼平木沼湖沼群の湿原を指す。

かつては総面積約5,000haに及ぶ大きな湿原であったが，農地開発や1970年代以降の工業開発によって急速に面積が減少し，残存湿原の孤立化が進んだ。現在，保存状態のよい湿原はトキサタマップ，柏原，ウトナイ湖北東岸，弁天沼，平木沼湖沼群の１つである朝日沼の湿原である。

種類 低層湿原，沼沢湿原

植生 河川後背地や湖沼周辺にはヨシーイワノガリヤス群落とムジナスゲ群落が，また流路沿いや湖岸にはヤラメスゲ群落が広く分布している。

柏原台地の谷に広がる沼沢湿原には，サギスゲーヤチスゲ群落やイトイヌノハナヒゲー

柏原東湿原

弁天沼の湿原景観

ミカヅキグサ群落など小形スゲ群落がみられる。

　これらは泥土地に成立した斑状の群落で，シカクイ，ハリコウガイゼキショウ，ホソバノシバナ，エゾホシクサ，コイヌノハナヒゲの他，ムラサキミミカキグサ，モウセンゴケ，ヒメタヌキモ，コタヌキモなどの食虫植物が生育する貴重な群落である。

　湿原とハンノキ林の移行部には，ヒメワタスゲ－ミズゴケ群落が分布している。この群落も特異な群落の１つで，ワラミズゴケやクシノハミズゴケ，ムラサキミズゴケ，スギゴケからなるブルト上にはヒメワタスゲ，カラフトイソツツジ，クロミノウグイスカグラ，ヤチヤナギ，タチギボウシ，ナガボノシロワレモコウ，コガネギク，ノリウツギなどが生育している。

　朝日沼は標高20mの丘陵にある沼である。沼周辺には勇払平野の湿原では珍しいヌマガヤを林床に伴ったハンノキ－ヌマガヤ群落が分布する。

　弁天沼は旧安平川下流域の海跡湖である。沼の面積は約34ha，沼底と沼岸は砂や火山礫を主体とする裸地となっており，全体的に植被の低い湿原である。水深の浅い水辺にはヨシ群落，オオアゼスゲ群落，ヤチヤナギ群落，イワノガリヤス群落が分布している。優占種以外に生育している植物はヒメシダ，クロバナロウゲ，オニナルコスゲ，ホソバノヨツバムグラ，ホザキシモツケ，クサレダマ，ヤラメスゲ，サギスゲ，ミズオトギリ，ミゾソバ，ドクゼリ，エゾミソハギなどである。

　沼岸の砂礫地には，モウセンゴケやホザキノミミカキグサ，エゾホシクサなどの斑状群落が分布している。また，水深40cm前後の水中にはフトイ，マコモ，ハリコウガイゼキショウ，コタヌキモ，エゾベニヒツジグサ，エゾヒルムシロといった水生植物が生育している。

地史　勇払平野は，地質学的には極めて重要な札幌－苫小牧低地帯に位置

柏原東湿原。地名の由来になったカシワの色づき

している。
　樽前火山と恵庭火山由来の新期火山噴出物を基盤に、50cm以下の泥炭が堆積する。

見所　全体的にイネ科植物やスゲ類の多い低層湿原で景観的に地味であるが、春にはミツガシワ、クロバナロウゲ、夏から秋にかけてヤナギトラノオ、クサレダマ、コガネギク、サワギキョウ、エゾミソハギ、ナガボノシロワレモコウ、エゾノレンリソウなどが咲き、湿原を彩る。
　弁天沼は旧安平川流域の広大な湿原が工業用地に開発されて完全に消失した中で、唯一残された湿原であり、水鳥の生息地として貴重である。

柏原東湿原の景観

サワギキョウ（梅沢俊撮影）

ポロト湿原

ポロト湖上流の沢沿いに湿原が続いている

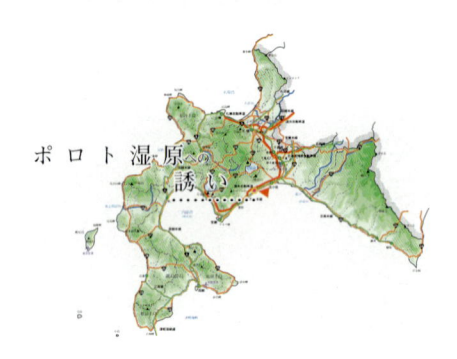

春は
ミズバショウと
エンレイソウが

34. Poroto Mire

概説 ポロト湿原は胆振の太平洋岸、白老町の山手にある。ポロトはおそらくポロトー、すなわち大きな沼を意味するアイヌ語地名からきたものであろう。湿原はそのポロトーの上流側にあって沢に沿って広がっている。そのほとんどはハンノキ林なので上空からは湿原らしくはみえない。湿原の中央部を東西に道央自動車道が横切っていてこの道路建設の際に湿原の調査が行われ、植生に影響を与えないように橋台の間隔を大きくとり、また流れを妨げないような配慮が行われた。湿原保護に配慮した道路計画としてはかなり早いものであった。

湿原の奥行きはおよそ2km、幅は最も広い部分で500mほど。湿原は海岸に平行して発達した砂丘列によってできたポロトーに連なって成立したもの。

種類 低層湿原

林床の水辺にはミズバショウの群落

植生 ハンノキ－ミズバショウ群落，ハンノキ－ヨシ群落，オオカサスゲ群落などがあるが，ここで最も目立つのはミズバショウ群落であろう。

ミズバショウ群落にはエゾノリュウキンカ，バイケイソウなどもかなりまじっている。

また，山側に近い部分には斜面にかけてオオバナノエンレイソウ，エンレイソウ群落も含まれる他，ホザキシモツケ群落も広くみられる。

ハンノキ－ヨシ群落とオオカサスゲ群落は主として流れに沿って分布している。

見所 よく発達したハンノキ林とその下層として広く分布するミズバショウ群落が代表的である。

ミズバショウは北海道ではポピュラーな種類だから珍しいものではないが，最近は大きくまとまった群落が減った。このミズバショウ群落は今ではかなり大きい方だろう。

ポロトーにはアイヌ民族博物館がある。こ

湖につながる湿原景観

こでアイヌ民族が使った湿地の植物(ヨシ，ガマ，フトイ，ハンノキ，ツルコケモモ，ワタスゲなど)のことを学んで湿原をみるのもいいだろう。

湿原の真中を国道5号線が貫通している

歌才湿原 ㉟

最古の湿原を
ゼンテイカが
埋め尽くす

35. Utasai Mire

歌才湿原への誘い

概説 歌才湿原は黒松内町の国道5号沿いに残っている湿原で，写万部山の北西山麓の谷間に位置する面積約4.5haほどの小規模な湿原である。湿原にはヌマガヤとイボミズゴケの優占する群落が卓越しており，北海道南西部に残存する湿原として貴重である。湿原は国道で南北に分断されており周囲の明渠の影響で乾燥化が進んでいる。

種類 高層湿原

植生 国道から北側の湿原を中心にヌマガヤ－イボミズゴケ群落が広く分布している。優占種ヌマガヤ，イボミズゴケの他，ムラサキミズゴケ，ウスベニミズゴケなどの高層湿原性ミズゴケ類やツルコケモモ，カラフトイソツツジ，ガンコウラン，ハイイヌツゲなどの木本植物，ホロムイスゲ，ワタスゲ，ミカヅキグサ，モウセンゴケ，タチギボウシなど多彩な植物が生育している。南側

湿原南側では排水の影響で植生遷移がすすんでいる
満開のゼンテイカ群落

のハンノキ林の林縁には小面積ではあるがホロムイイチゴ、ノハナショウブなどを伴ったヌマガヤームジナスゲ群落もみられる。南側湿原には滞水凹地があり、オオイヌノハナヒゲ、ミカヅキグサ、ホロムイソウ、ミツガシフ、コタヌキモ、ムジナスゲなどが生育している。湿原の周囲に掘られた排水路の影響で地下水位が低下した所ではヌマガヤやイボミズゴケなどのミズゴケ類が減少し、ホロムイスゲ、ハイイヌツゲ、カラフトイソツツジなどが増加、ススキ、ワラビ、オオバザサ、ハンノキ、シラカンバ、ノリウツギなどが侵入している。

1つと考えられている。

地史 泥炭層の深さは9.27mで、深度およそ5〜6mに泥炭質粘土層が挟在する。^{14}C年代測定値と花粉分析の結果から、歌才湿原はおよそ23000年前の最終氷期の寒冷な時期に発達を開始したが、9000〜5000年前の温暖期に停滞し、その後再び発達を開始したもので、道内では最も古い湿原の

見所 湿原は地質学的および植物地理学的に重要な黒松内低地帯に位置し、近くには北限域のブナ林として有名な国指定の天然記念物歌才ブナ林がある。

国道に面する湿原は景観的に地味で目立たないが、春にはワタスゲの白い果穂やカラフトイソツツジが咲き、夏から秋にかけてはゼンテイカ、ノハナショウブ、タチギボウシ、ホロムイリンドウ、コガネギクなどの花が咲く。

ホロカヤントウ 36

十勝海岸の海跡湖群の最南端に位置する

草地化進む海岸湿原

36. Horokayantoh Mire

概説 ホロカヤントウは，十勝海岸沿いに点在する湖沼群のうち，最も南に位置する沼である。丘陵に挟まれた谷に水がたまってできた比較的小さな汽水湖で，面積0.6km²，周囲5.7km，平均水深3mで，細長い形状をしている。谷地形のため沼縁までカシワ林が迫っている。平らな部分が少ないため湿原植生の分布域は狭く，わずかにヨシを主体とする植生がみられるだけである。

ホロカヤントウから丘陵を1つ隔てて南西2kmに当縁湿原がある。十勝海岸の湿原群のうち最も南に位置する湿原で，かつては当縁川河口一帯に広がっていたが，大規模な草地開発の結果，現在は長さ約2.5km，幅約2kmのヨシ・スゲ湿原が残っているだけである。

種類 低層湿原

植生 ホロカヤントウの東岸には，イワノガリヤス－マイヅルソウ群落と

草地化が進んだ当縁川河口

ヨシーヤチカワズスゲ群落が分布しており，カラマツソウ，クサレダマ，エゾミソハギ，ヤナギトラノオ，ノハナショウブ，サワギキョウ，アキカラマツ，エゾノシモツケソウ，ウメバチソウ，モウセンゴケなどが生育している。

沼にはエゾノミズタデ，ホザキノフサモ，ヤナギモなどの群落がみられる。

沼の西岸には林床にミズバショウやエゾノリュウキンカを伴うハンノキ林が成立している。

当縁湿原はヨシーヤラメスゲ群落で，クロバナロウゲ，オオアゼスゲ，エゾミソハギ，サワギキョウ，ヒオウギアヤメなどもみられる。

狭い砂州に隔てられた湖面

見所 ヨシ，スゲ類主体の低層湿原で全体的に地味であるが，林道から沼と湿原の景観を楽しむことができる。またすぐ近くに晩成温泉があり，そこから海岸沿いに700mほど車道を進むと，終点が沼の入口である。

海岸側の沼縁には海岸草原が成立しており，ハマナスやイワノガリヤス，オオヨモギなどの植物がみられる。

冬期は有料でワカサギ釣りが行われている。

ホロカヤントウの竪穴群は1966年に北海道の文化財に指定されているが，沼と湿原は指定区域外である。

干潮時には上流から運ばれた泥が生々しい生花苗沼

生花苗沼

海跡湖に広がる湿原

37. Oikamanainuma Mire

生花苗沼への誘い

概説 生花苗沼は十勝海岸にある海跡湖の1つで、面積1.75km²、周囲19.4kmの中程度の大きさの汽水湖である。通常は海と連結していないが、夏期には沼の南西部に河口が開き湖水が流出する。

沼周辺には低層湿原とハンノキ林が広い範囲に成立している。東部にはヌマガヤやミズゴケ類が生育し、小沼では種々の水生植物もみられる。

湿原域はかつては上流域のキモントウ沼の湿原と連続していたが、現在は農地開発により分断されている。

北東部の湿原は生花苗川とキモントウ川の河川改修によって丘陵側と沼側の2つに分断されている。

キモントウ沼は十勝海岸湖沼群の中では最も内陸側に位置する。海岸から約5kmほど内陸の丘陵地に囲まれた谷の中にあり、面積0.46km²、周囲4km、平均水深1mの比較的小さな淡水湖である。

沼からキモントウ川が流出し、生花苗に

夥しい浮葉に覆われたキモントウ沼

生花苗沼最下流の景観

流下している。沼の北部と南部がスゲ類を主体とする低層湿原で，その周辺にハンノキ低木林とハンノキ・ヤチダモ林が成立している。湿原を取り囲む丘陵地はカシワの多い落葉広葉樹林である。

種類 低層湿原

植生 生花苗沼東部の湿原では林床にミズバショウやザゼンソウを伴ったハンノキ林が広く分布している。低層湿原ではヤチヤナギ－ムジナスゲ群落，ヨシ－イワノガリヤス群落，ヤラメスゲ群落などがみられ，処処にヌマガヤ，チシマガリヤス，ツルコケモモ，ワラミズゴケなどのミズゴケ類を伴った群落も分布している。

小沼の水辺にはフトイ，マコモ，サンカクイ，ミツガシワなどの抽水植物群落が分布し，水中にはヒシ，エゾベニヒツジグサ，タヌキモなどの群落がみられる。また量的には少ないがエゾノミズタデやコウホネなども生育している。

キモントウ沼の水辺にはネムロコウホネ，エゾベニヒツジグサの他，ジュンサイが多い

湿原はムジナスゲ群落が卓越するが，沼岸にはツルスゲ群落やカキツバタ，ヤチスゲ，サギスゲ，ミズドクサ，サワギキョウなどを主体とした群落が分布し，ミズゴケ類のカーペットが地表を覆っている。ここではツルコケモモ，タチギボウシ，モウセンゴケ，トキソウなどもみられる。

流路沿いにヤラメスゲ群落，沼岸のバンクや湿原周辺にヨシ－イワノガリヤス群落が分布する。

生花苗沼中部から北西部の湿原ではハンノキ林とヨシ－イワノガリヤス群落が卓越するため，夏期にはヨシに隠れて美しい花が目立たないが，ミツガシワ，サギスゲ，ヒオウギアヤメ，ヤナギトラノオ，タチギボウシ，クサレダマ，エゾオオヤマハコベなどの花が咲く。

湖岸を吹く秋風にナガボノシロワレモコウがゆれる

　沼岸にはフトイ群落，マコモ群落，ヨシ群落が広く分布しており，タンチョウの営巣地にもなっている。

　キモントウ沼湿原周辺もハンノキ林で，林床にはノリウツギ，タチギボウシ，ナガボノシロワレモコウ，イワノガリヤス，ヒオウギアヤメ，ヒメシダ，ムジナスゲが生育し，ワラミズゴケなどのミズゴケブルトも多い。

見所　生花苗沼の湿原はヨシ湿原とハンノキ林が主体のため，全体として地味な景観であるが，海側の沼岸は海岸草原で，7月にはハマナスが咲き草原を彩る。

　丘陵側海岸風衝草原は植物が豊富で，夏にはゼンテイカ，ヒオウギアヤメ，エゾスカシユリ，ツリガネニンジン，ヤナギタンポポ，シオガマギクなど多彩な花が咲く。

　湿原に豊富にあるヤラメスゲは神社の注連縄に利用されている。

　キモントウ沼の湿原の北側を国道336号が通っている。

河口近くのフトイ（佐藤雅俊氏撮影）

　初夏には車道からカキツバタの花やサギスゲの白い果穂で埋め尽くされた美しい湿原景観を観賞できる。

湧洞沼（ゆうとうぬま）

秋色の濃い湧洞沼湖岸

海岸草原の花々を
眺める海跡湖

38. Yuhdohnuma Mire

概説 湧洞沼は十勝海岸湖沼群のうちで最も大きい海跡湖であり，面積3.49km²，周囲17.8km，平均水深1.7mの大きな沼である。沼には流出河川はなく，通常は砂州を通じて海水の流入と湖水の流出が起こっているが，季節的に沼南端部に開口部が生じて海に連絡することもある。

沼の北側はヨシ，ヤラメスゲを主体とする低層湿原とハンノキ林，上流部の丘陵は牧場や採草地になっている。

種類 低層湿原

植生 沼周辺の湿原植生はヨシ群落，ヤラメスゲ群落，イワノガリヤス－エゾノレンリソウ群落，ハンノキ－ヨシ－イワノガリヤス群落である。水辺にはフトイ群落がみられる。南西部には小面積の湿原があり，ヌマガヤ－ミズゴケ群落が成立している。湿原ではノリウツギ，ホザキシモツケ，ヤナ

湿原の夕暮れ
広漠とした湧洞沼湿原

ギトラノオ，クロバナロウゲ，コガネギク，オトギリソウなどが花の目立つ植物である。

見所 湿原には美しい花が少ない上に容易に立ち入ることができないので，花の探勝にはむしろ砂州上に成立している海岸草原の方がよい。最大幅700mの砂州が長さ4kmにわたっており，6～9月まで車道の両側に展開する海岸草原の花々を探勝できる。

ハマナス群落は海岸線に平行して分布する。アヤメ，ウンラン，ゼンテイカ，ツリガネニンジン，センダイハギ，ノハナショウブ，ヒオウギアヤメ，エゾオグルマ，エゾカワラナデシコ，エゾツルキンバイ，オミナエシ，クロユリ，チシマフウロ，ハクサンチドリ，ハマエンドウ，フタマタイチゲ，ムシャリンドウ，シオガマギク，ヒロハノノカワラサイコなど多彩な植物が咲き競う。秋のススキ群落もまた格別の趣がある。

海岸草原植物群落は1995年に豊頃町の天然記念物に指定されている。

海岸草原の草花（梅沢俊撮影）

長節湖 ちょうぶしこ ㊴

直線的で雄大な澪群が特徴的な長節湖湿原

タンチョウも
人といっしょに
潮干狩りか

39. Lake Chohbushi

概説 長節湖は十勝海岸湖沼群の最も東側に位置する鍵形をした海跡湖で面積1.37km²，周囲9.5km，平均水深0.8mの中程度の大きさの汽水湖である。沼の北側には中規模の低層湿原が成立し，ヨシ群落やハンノキ林がみられる。

長さ約1.5km，最大幅約400mの砂州上には海岸草原が広がり，長節湖とトイトッキ浜は北海道指定天然記念物になっている。

種類 沼沢湿原

植生 湖の北東部の湿原は湖岸にフトイ群落がみられ，陸側にヤラメスゲ群落，ツルスゲ群落，ヨシ群落などが帯状に分布する。

湿原の周辺はハンノキ林に取り囲まれている。景観的には地味で，花の目立たない植物が多い。

広い干潟では潮干狩りも楽しめる
砂州の植生

見所 砂州上の海岸草原は百花が咲き乱れ，春から秋まで美しい花を探勝できる。

湿地にはフトイ，ミクリ，ミツガシワ，ミズバショウ，タチギボウシ，サワヒヨドリ，エゾリンドウ，エゾノミズタデ，クサレダマ，エゾミソハギ，サワギキョウ，ネジバナ，ハンゴンソウ，ゼンテイカ，ヒオウギアヤメなどが生育している。

砂州上にはハマナス群落が広がり，フデリンドウ，ハマエンドウ，センダイハギ，エゾツルキンバイ，シャジクソウ，エゾスカシユリ，ノハナショウブ，ハクサンチドリ，クロユリ，エゾトリカブト，エゾニュウ，チシマセンブリなどが咲き競い，夏の海岸草原を彩る。

観光地で車や人の出入りが多く，帰化植物のオオアワダチソウ，オオハンゴンソウ，セイヨウノコギリソウなどの侵入もみられる。

海岸草原（梅沢俊撮影）

松山湿原 ㊵

アカエゾマツ林が描きだす同心円

松山湿原への誘い

山頂に描かれた
不思議な同心円は？

40. Matsuyama Mire

概説 北見山地北部，標高約800mの緩やかに傾斜した台地上に発達した面積約15haほどの小規模な湿原である。

湿原はアカエゾマツ林によって取り囲まれているが，湿原内にも冬期季節風の影響で形成された風衝樹形の矮小アカエゾマツが多数生育し，独特の湿原景観をつくっている。湿原の植生はミカヅキグサ，ミネハリイ，ワタスゲ，ワタミズゴケが優勢で，イボミズゴケ，ムラサキミズゴケなど高層湿原性のミズゴケ類も豊富である。深い池塘が湿原中心部や周辺部にあるが，水生植物はみられない。

全域が北海道指定の自然環境保全地域である。

種類 中・高層湿原

植生 湿原は南西から北東方向に緩く傾斜しているが，傾斜地や平坦地ではミネハリイーワタミズゴケ群落が卓越し，

矮生アカエゾマツが点在する高層湿原

傾斜地下部には滞水凹地が多く，高層湿原植生が分布している。凹地周辺のバンクの植生はワタスゲ－イボミズゴケ群落とミガエリスゲ－ムラサキミズゴケ群落が一般的であり，また，シュレンケの植生ではヤチスゲ群落やミカヅキグサ－ワタミズゴケ群落がふつうにみられる。

湿原南西部の高燥地やアカエゾマツパッチ周辺にはガンコウラン－チャミズゴケ群落やスギバミズゴケ群落も散在しており，山地のチャミズゴケ群落に特徴的なエゾゴゼンタチバナ，クロマメノキ，ミヤマミズゴケなどが生育している。

地史 湿原の基盤地質は第四紀更新世に属する沼岳熔岩である。泥炭層の深さや湿原の形成年代については不明。

見所 ワタスゲの白い果穂が湿原を埋める7月上旬にはゼンテイカ，ヒメシャクナゲ，ホロムイイチゴ，ツルコケモモ

天竜沼の静かなたたずまい

などが咲き，湿原の最も美しい時期である。秋にはナナカマドなどの紅葉とクロバナギボウシ，ホロムイリンドウ，コガネギクなどが湿原を彩る。湿原を一周する木道があり，美しい北国の湿原をゆっくり探勝できる。美深町仁宇布の南約8kmの地点に天竜沼があり，松山湿原の登山口になっている。

ピヤシリ湿原 ㊶

ピヤシリ山から続く尾根の湿原

ピヤシリ湿原への誘い

ササに取り囲まれた山頂の湿原

41. Piyashiri Mire

概説 ピヤシリ湿原はオホーツク海に面した雄武（おうむ）町を南北に貫く幌内川上流の標高920mの山上に展開する湿原で，周囲約880m，面積およそ3.8haを有する。

この湿原のある山稜は，美深町との境界をなしており，美深側には松山湿原があるが，ピヤシリ湿原は雄武町側にあり，ここから南4kmの所にピヤシリ山があるのでその名で呼ばれるようになった。雄武町から幌内川に沿って登り，標高300m地点の二股に分かれる所で右のオロウエンホロナイ川を溯行すると登山口で，ここから約5kmの登りで湿原に達することができる。

湿原は高原状の山稜にあり，ほぼ平坦だが北西はダケカンバの群生する小高い城壁を巡らしたような地形で，北東と南は開けていて広やかな展望をもつ。この高原は全体としては東に向かって緩やかな傾斜でオロウエンホロナイ川に，南は幌内川本流に向かって落ち込んでいる。湿原の中には3個のやや大きな

湿原は一面のササに取り囲まれている

池塘があり，最も大きいものは長径50m，小さなものでは約25mである。沼はエゾアカガエル，エゾサンショウウオの産卵場で数種のトンボも生息する。

全域が北海道指定の自然環境保全地域。

種類 高層湿原

植生 ムラサキミズゴケ群落およびミカヅキギクサ群落が大きい面積を占める。これにワタスゲ，ミタケスゲ，ホロムイスゲ，ゼンテイカ，タチギボウシ，ヒメシャクナゲ，ガンコウランなどが加わる。

湿原の周辺はハイマツーチシマザサ群落でアカエゾマツが加わる。ここではカラフトイソツツジ，ホロムイイチゴ，エゾゴゼンタチバナ，タカネナナカマドなどもみられる。

見所 盆栽状のアカエゾマツの点在する明るい高層湿原である。6月から

しばしばピヤシリ山腹の湿原も，まとめてピヤシリ湿原と呼ばれる（梅沢俊撮影）

7月にかけてワタスゲ，ゼンテイカが美しい。また秋にはナナカマドの紅葉が見事になる。

手塩山地の湿原は規模はいずれも大きいものではなく，いわば箱庭的だが，それなりにまとまった美しさがある。観光地になっていないのでよく保全されているのもいい。しかしそれだけに木道などの施設はほどんどない。

211

木道が湿原を縦横に巡る

浮島湿原
うきしましつげん

浮島湿原への誘い

峠の湿原に浮島が漂う

概説 　浮島湿原は北海道北部の通称「滝の上高地」，標高870mの台地上に形成された湿原である。面積約21haほどの小規模な湿原であるが，湿原内に散在する大小多数の池塘と浮島からなる池塘複合体の顕著な発達，多様な高層湿原性ミズゴケ群落が分布する点において，道内屈指の山地高層湿原である。

　浮島湿原は上川森林管理署所管の国有林内にあってアカエゾマツ林やダケカンバ林に取り囲まれて発達しており，優れた湿原景観を有し，また多様な高山植物を産することから風致保安林として保護されている。

　湿原はかつて踏みつけによって歩道沿いや浮島の植生が破壊されて泥土地が拡大したが木道が整備された結果，植生の自然回復の兆しがみえてきた。しかし近年，エゾシカによる植生破壊が目立つようになり，湿原保全の上で新たな問題にも直面している。

42. Ukishima Mire

浮島は風まかせ。上下とも同じ位置からの眺望(下:佐藤雅俊氏撮影)

水面も水辺も植物の宝庫

種類 高層湿原

植生 浮島湿原の池塘は大小70個余りあり，大きい池塘は最大径40m，水深3mに及ぶが，小さい池塘は直径1m前後，水深20cm前後と浅くなる。池塘水のpH値は4.4～4.8で強酸性を示す。池塘にはエゾベニヒツジグサが一面に群落をつくっている。これほど大規模な群落は北海道ではみられない。

浮島湿原には不思議なことにミツガシワ群落がみられない。傾斜地下部に位置し，地下浸透水の影響下にある池塘にはフトヒルムシロ群落，池畔や伏流水の流入する溝状凹地にはミズバショウ群落がみられる。

池塘複合体周辺の平坦地や緩やかな傾斜地にはシュレンケの植生とイボミズゴケ，ムラサキミズゴケ，ワタミズゴケを主体とするローンの植生が複合体を形成して広範囲に分布している。シュレンケにはヤチスゲが非常に多い。水深20cm以下のシュレンケの植生はヤチスゲとカラフトホシクサを標徴種とするヤチスゲーカラフトホシクサ群落とホロムイソウーミカヅキグサ群落である。ホロムイソウーミカヅキグサ群落は水深5cm以下の浅い凹地に広範囲に分布し，標徴種のホロムイソウとミカヅキグサの他，ヤチスゲ，サンカクミズゴケ，ヤチスギランなどを伴っている。ローンの植生の中核はヌマガヤーイボミズゴケ群落である。イボミズゴケ，ムラサキミズゴケ，ウスベニミズゴケ，ホロムイイチゴ，ワタスゲ，ミガエリスゲ，ホロムイスゲ，ツルコケモモ，ヒメシャクナゲ，チングルマ，クロバナギボウシ，トキソウ，ホソバノキソチドリ，カラフトイソツツジ，ミツバオウレンなど多彩な植物が生育している。この群落はローンの他，池塘バンクや浮島，固定浮島の主要群落でもある。

また浮島湿原では傾斜地の一部にチャミズゴケの小規模なブルトが散在している。ブルトの高さは30cm前後で一般に低いが，カラフトイソツツジ，ヒメツルコケモモ，ホロムイ

アカエゾマツ林と大形池塘のエゾベニヒツジグサ。浮島湿原の典型的な景観

ツツジの出現によって特徴づけられる。また排水良好な傾斜地にはワタミズゴケ、ミカヅキグサ、ハナゴケ類、シモフリゴケなどからなるローンの群落が分布する。湿原中央部と西部の境界付近を流れる伏流水の影響下にある立地やアカエゾマツ林との境界付近にはヨシ、イワノガリヤス、ミズバショウ、ゼンテイカ、タチギボウシ、ナガボノシロワレモコウの多い低層湿原植生もみられる。

湿原の周辺にはアカエゾマツの純林が発達している。高木林は最大樹高14m、胸高直径三十数cmに達し、床にはカラフトイソツツジ、アカミノイヌツゲ、エゾクロウスゴ、オオバスノキ、オガラバナ、ナナカマドなどの木本類の他、コガネギク、ゼンテイカ、ミツバオウレン、ゴゼンタチバナなどが生育している。湿原内では樹高の低い矮生樹が池塘バンクの凸地形部に点在している。ここではカラフトイソツツジが優占し、ヌマガヤ、ホロムイイチゴ、エゾゴゼンタチバナ、イボミズゴケ、ムラサキミズゴケなど、ヌマガヤ―イ

ボミズゴケ群落構成種が多数出現する。

地史 湿原の基盤地質は新第三紀鮮新世の笹山溶結凝灰岩である。浮島湿原はこの溶岩流の凹地に発達したもので、ポンルベシベ川の源流部にあたる。泥炭層は深い所で約4mあり、深さ1mの泥炭の^{14}C年代測定値は紀元前約545年である。この値から湿原形成の始まりは約2500〜2000年前と推定されている。

見所 浮島湿原の特徴は池塘と浮島、アカエゾマツ林からなる優れた湿原景観であり、エゾベニヒツジグサの白い花が水面を埋め尽くす夏の湿原は他に類をみない。カラフトホシクサ、ヒメツルコケモモなどの希産種の他、多彩な湿原植物が生育するので、雪解け直後の6月上旬から8月下旬の初秋まで季節ごとに咲く花々を探勝できる。

沼ノ平湿原 ㊸

沼ノ平湿原の五ノ沼・六ノ沼。背後には左から愛別岳・永山岳・安足間岳・当麻岳など

沼ノ平湿原への誘い

カムイミンタラ
神々の遊ぶ
天上の花園

43. Numanotaira Mire

概説 沼ノ平湿原は北部大雪山，当麻岳（2,076m）北西斜面の溶岩の凹地に形成された湿原で，大雪山国立公園特別保護地区，国指定特別天然記念物として厳重に保護されている。沼ノ平の中心は当麻乗越から愛山渓温泉にいたる登山道沿い，標高1,420～1,450mの台地一帯に展開する，面積およそ37.4haの湿原部分である。沼ノ平はこれより南西部に大沼と小沼，北部の標高1,400m地点に西沼，北西部の標高1,280m地点に一ノ沼，二ノ沼，三ノ沼を有し，これらの沼周辺にも小湿原が点在している。

湿原内には半月沼，北の沼，大池，中の池小池などを中心として大小多数の池塘が散在する。直径50m以上の大形の深い池塘は湖岸線がなめらかで円形ないし楕円形を呈するが直径1～2mの小形の浅い池塘は湖岸線が複雑にいりくんだ細長い形状をなし，傾斜地では等高線に平行して棚田状に配列している。このような池塘複合体を除く湿原の中心部は一般に低平な地形で地下水位が高く，傾斜湿

沼ノ平湿原の小沼と旭岳

当麻乗越付近より小沼と大沼の俯瞰

原特有のローンの植生が卓越している。池塘複合体周辺の起伏地ではシュレンケやケルミといった微地形が発達しており、ここでは微地形に対応した種々のミズゴケ群落からなるケルミーシュレンケ複合体がみられる。

種類 中・高層湿原

植生 池塘の多い沼ノ平湿原では水生植物群落も豊富である。大形の深い池塘にはチシマミクリ群落と沈水植物のヒメミズニラ群落がふつうにみられる。他の山地湿原では広く分布するフトヒルムシロ群落はこの湿原では少ない。抽水植物ではクロヌマハリイとミツガシワが水深50cm以下の浅い池塘に広く分布し、構成種の少ない優占群落をつくっている。

湿原中心部の池塘複合体を除く低平ないし平坦地ではコケ層にサンカクミズゴケ、ウツクシミズゴケ、ワタミズゴケ、キダチミズゴケなどのミズゴケ類や苔類のウキヤバネゴケを伴った群落が広く分布している。この群落はミヤマイヌノハナヒゲ、ミカヅキグサ、ヤチカワズスゲ（またはカワズスゲ）、ミネハリイ、チングルマ、シラネニンジンなどを群落上層の優占種または常在種として構成される日本の多雪山地に発達する典型的な湿原植生の1つである。沼ノ平では地下水位の高い立地にミカヅキグサーウツクシミズゴケ群落とミカヅキグサーサンカクミズゴケ群落、緩やかな傾斜地にミヤマイヌノハナヒゲーワタミズゴケ群落とミネハリイーキダチミズゴケ群落が分布する。前二者は沼ノ平湿原の相観を代表する群落である。いずれの群落もホロムイスゲ、ツルコケモモ、ワタスゲ、モウセンゴケ、ヒメシャクナゲ、クロバナギボウシなどの湿原植物の他、雪田性植物のチングルマ、シラネニンジン、ミツバオウレン、ミヤマリンドウなどが常在種として出現する。池塘バンクの乾燥立地に成立したミネハリイーキダチミズゴケ群落では、これらの他にクロマメ

六ノ沼・五ノ沼

ノキ，ミネズオウ，エゾオヤマリンドウ，シモフリゴケ，ハナゴケ類，エイランタイなどの高山植物や地衣類が加わり，群落構成種はいっそう多彩になる。

沼ノ平湿原では高層湿原ブルトの植生の発達は顕著ではないが，池塘バンクにはイボミズゴケとムラサキミズゴケの群落，ハイマツやアカエゾマツ低木林の林縁にはムラサキミズゴケ，ミヤマミズゴケ，スギバミズゴケ，チャミズゴケの群落があり，ミガエリスゲ，ホロムイスゲ，ツルコケモモ，ワタスゲ，モウセンゴケ，ヒメシャクナゲ，ミネハリイ，チングルマ，シラネニンジンなどの他，クロマメノキ，カラフトイソツツジ，キバナシャクナゲ，コケモモなど木本植物の出現によって特徴づけられる。

湿原の周辺はハイマツ群落やチシマザサ群落に取り囲まれている。沼ノ平の北西部，標高1,280mに位置する松仙園では湿原周辺にアカエゾマツが多いが，沼ノ平中心部では樹高1〜2mの矮生アカエゾマツが単木状に分布するのみである。急傾斜地にはエゾコザクラ，アオノツガザクラ，エゾノツガザクラ，チングルマ，オオバショリマなどを構成種とする雪田植物群落がみられる。

地史 湿原の基盤地質は第四紀更新世に属する沼ノ平溶岩である。泥炭層は約1mの厚さで粘土層の上に堆積しており，湿原の形成年代は泥炭層基底の^{14}C年代測定値から約4500年前と見積もられている。

見所 この湿原には立派な木道があり，ぬかるみを気にせずに植物を観察できる。当麻乗越から俯瞰する沼ノ平湿原は絶景で，秋の紅葉は特に見事である。

沼ノ平湿原は特に池塘が棚田状になっているのが特徴的である。しかもその形も大きさもそれぞれに異なっているし，深さも違う。したがって水生植物の種類や池の埋まり方も一様ではない。

219

大雪山旭岳周辺湿原 ㊹

大雪高原温泉。地滑り地形の中の湖沼群

大雪山旭岳周辺湿原への誘い

お花畑の中の湿原

44. Mires on Mt. Asahidake

概説 大雪山系の主峰旭岳の標高1,100〜1,400m前後の緩やかな斜面には多数の湿原が点在する。大部分の湿原は旭岳の噴火による溶岩じわの凹地に水がたまって形成されたもので，大規模なものに融雪沢の湿原やピウケナイ沢支流熊ノ沢の瓢箪沼などがある。しかしこれらは人跡未踏の湿原群であり，その実態はほとんどわかっていない。

ここでは旭岳温泉から姿見ノ池にいたる登山道沿い，標高1,200〜1,300mに点在する天人ケ原湿原と天人峡羽衣の滝の上部に位置する瓢箪沼湿原について紹介する。後者はお鉢平火砕流堆積物の凹地に形成されたものである。

種類 中・高層湿原

植生 両湿原はアカエゾマツ林に取り囲まれており，緩やかな斜面上に棚田状に形成された池塘と池塘バンクのミズゴ

裾合平。ハイマツと雪田の縞模様
天人ケ原湿原（橘ヒサ子撮影）

ケ群落およびミヤマイヌノハナヒゲ，ミネハリイなどを構成種とする小形スゲ群落が主な植生である。

　天人ケ原湿原では浅い池塘にフトヒルムシロ群落，シュレンケにミツガシワ群落とヤチスゲ－ホロムイソウ群落が分布する。砂質土壌の流水地にはエゾホソイ群落がみられる。池塘バンクにはイボミズゴケ群落がみられ，緩傾斜地や平坦地にはミヤマイヌノハナヒゲ－ワタミズゴケ群落が広範囲に分布する。ここではミネハリイ，ミヤマリンドウ，チングルマ，クロバナギボウシ，タチギボウシ，ホソバノキソチドリ，ミツバオウレン，コガネギク，ヤチカワズスゲ，ウメバチソウ，ミタケスゲなどが生育している。湿原内に点在するアカエゾマツパッチや湿原周辺にはカラフトイソツツジ，ゼンテイカ，ミズバショウなど花の目立つ植物が多い。天人峡瓢箪沼湿原では天人ケ原には生育しないミカヅキグサ群落やムラサキミズゴケ群落，ヨシ－イワノガリヤス群落，オオカサスゲ群落もみられる。

見所　天人ケ原湿原は旭岳温泉から旭岳への登山道に面しており，湿原植物をゆっくり観察できる場所である。踏みつけによって湿原の荒廃が進んだが，最近立派な木道が整備され，植生の回復もみられるようになった。花の見頃はチングルマ，カラフトイソツツジ，ゼンテイカなどが咲き，ワタスゲの白い果穂が湿原を埋める7月上旬から下旬。

221

沼ノ原湿原 ㊺

沼ノ原山に連なる溶岩台地上に発達している

沼ノ原湿原への誘い

残雪の山々を見下ろす雲上の田代

45. Numanohara Mire

概説 沼ノ原湿原は中部大雪山沼ノ原山の北部、標高1,420〜1,450mの台地上に発達した湿原で、大雪山国立公園特別保護地区、国指定特別天然記念物として厳重に保護されている。湿原の規模は最大長南北に約1.2km、最大幅東西に約1km、面積は約47haである。

湿原の周辺にはアカエゾマツ林、ダケカンバ林、ミネカエデ、オガラバナ、ウラジロナナカマドを主体とする亜高山性落葉低木林、ハイマツ群落、チシマザサ群落などがみられる。湿原内には池塘が多い。原地形面に形成された大沼をはじめ、大小さまざまな不定形の池塘が棚田状に配列し、沼ノ原の湿原景観を特徴づけている。大沼は湿原内池塘群より高低差にして約1.5m低所に位置し、沼底は砂土と岩礫からなる。池塘複合体とその周辺にはケルミとシュレンケの微地形がよく発達しており、高層湿原性の種々のミズゴケ群落が分布する。

大小の池塘群と大沼を木道が縦断している

アカエゾマツを映す池塘

| 種類 | 中・高層湿原 |

植生　池塘の多い沼ノ原湿原には沼ノ平湿原と共通の水生植物群落が分布している。チシマミクリとヒメミズニラは水深50cm以上の深い池塘に生育し，ほとんど単独で群落をつくっている。水深50cm以下の池塘にはフトヒルムシロ群落が広い範囲に分布し，水深に応じてチシマミクリ，ヒメミズニラ，ミツガシワが混生している。抽水植物ではクロヌマハリイとミツガシワの群落が水深50cm以下の池塘に広く分布する。エゾホソイ群落は大沼の砂質土壌からなる遠浅の岸辺にみられる。

顕著な池塘複合体の発達する湿原中心部は勾配がほとんどなく全体的に平坦な地形になっており，シュレンケや浅い池塘が多い。ヤチスゲ，ホロムイソウ，ミカヅキグサの他，ミツガシワ，ナガバノモウセンゴケ，ホロムイスゲ，サケバミズゴケ，ウカミカマゴケなどが生育している。シュレンケの周辺にはフサバミズゴケとウツクシミズゴケがカーペット状の群落をつくっている。フサバミズゴケの産地は北海道では少なく，貴重な植生の1つであるが，沼ノ原湿原では比較的広く分布している。

群落上層にはヤチスゲ，ホロムイソウ，ナガバノモウセンゴケの他，ワタスゲ，ホロムイスゲ，ツルコケモモ，モウセンゴケ，ミカエリスゲ，シラネニンジン，クロバナギボウシなどが混生する。ナガバノモウセンゴケは本州尾瀬ケ原，サロベツおよび北オホーツクに隔離分布する氷河期の遺存植物で，北海道山地湿原では沼ノ原湿原のみに産する貴重な植物である。イボミズゴケ，スギバミズゴケ，ミヤマミズゴケなど高層湿原ブルトのミズゴケ類は沼ノ原湿原では少なく，池塘バンクや湿原内に分布するアカエゾマツパッチ周辺にみられるにすぎない。

湿原の周辺にはゼンテイカやイワノガリヤスの優占する群落もみられ，ここではコガネ

化雲岳を背景に矮生のアカエゾマツ

ギク，バイケイソウ，タカネニガナ，エゾオヤマリンドウ，ミズバショウ，シラネニンジンなどが生育している。

　五色ケ原にいたる登山道沿い谷筋の湿地や流路沿いにはオニナルコスゲやオオカサスゲなど大形スゲ類の群落もみられる。

地史　沼ノ原湿原の位置する台地の地質は第三紀鮮新世から第四紀更新世にかけて噴出した沼ノ原溶岩で，これは大雪山の基底形成期のものである。泥炭層の厚さは110cm，基底には砂質シルト層が堆積している。泥炭層基底の^{14}C年代測定値と花粉分析の研究結果から湿原の形成期は約3600年前と推定されている。

見所　沼ノ原湿原の特徴は顕著な池塘複合体の発達と多様なシュレンケ植生の分布である。

　水面にトムラウシ山を映すミツガシワの池塘，シュレンケのナガバノモウセンゴケ，ウ

ダケカンバを映す池塘

ツクシミズゴケとフサバミズゴケのカーペットなど沼ノ原湿原ならではの湿原景観である。

　湿原には木道があり，ぬかるみを気にせずに植物を観察できるが，登山者の踏みつけによる植生破壊やキャンプサイト指定地の大沼の水質汚染など，湿原保全上の問題も顕在化している。

原始ケ原湿原 [46]
げんしがはらしつげん

斜面方向に並んだ多くの傾斜湿原

原始ケ原湿原への誘い

傾斜地に広がる湿原

46. Genshigahara Mire

概説 原始ケ原湿原は富良野岳の南麓，標高1,000〜1,300mの緩やかな斜面上に発達した湿原で，大雪山国立公園特別地域として保護されている。湿原はアカエゾマツ林に取り囲まれて点在しているが，総面積は115haに及び，北海道の山地湿原の中では大きい湿原である。湿原の植生は全体的にヌマガヤ，ミヤマイヌノハナヒゲ，チングルマ，ヤチカワズスゲ，ワタミズゴケが優勢であり，東北地方多雪山地の湿原景観によく似ている。湿原東端のトウヤウスベ山側には五段沼があるが，特徴的な水生植物はない。

種類 中・高層湿原

植生 湿原全体が富良野岳側からトウヤウスベ山方向に緩く傾斜しているため，傾斜面に平行して多数の池塘が発達しており，斜面下部ほど深くて大形のものが多い。ここでは，ミクリ属，フトヒルムシロ，

一部の湿原にはケルミ・シュレンケ複合体がみられる
湿原の矮生アカエゾマツ

クロヌマハリイなどが水深に応じて群落をつくっている。浅い池塘やシュレンケにはヤチスゲ群落，ホロムイソウーミカヅキグサ群落，ウツクシミズゴケ群落が分布する。池塘のバンクにはヌマガヤーイボミズゴケ群落とヌマガヤーウスベニミズゴケ群落がみられる。湿原内のアカエゾマツパッチの林縁にはしばしば紫紅色のスギバミズゴケがブルトをつくっている。

　緩傾斜地や平坦地にはミヤマイヌノハナヒゲーワタミズゴケ群落とヌマガヤーホロムイスゲ群落が分布している。富良野岳の登山道に面した傾斜地は踏みつけや幕営による植生破壊が目立ち，ここにはヤチカワズスゲ，ミタケスゲ，蘚類などからなる荒廃地植生が成立している。

地史　湿原の基盤地質は現世の扇状地および崖錐堆積物で，十勝岳火山群の噴出物に由来する火山岩塊や火山礫を多く含んでいる。泥炭層の深さや形成年代は不明。

見所　北海道では分布が限られるミヤマイヌノハナヒゲの他，ヌマガヤが卓越する大雪山系では数少ない湿原の1つであり，チングルマ，カラフトイソツツジ，ワタスゲ，ミネハリイ，シラネニンジン，ミヤマリンドウ，クロマメノキ，ミガエリスゲ，ヤチカワズスゲ，ヒメシャクナゲ，トキソウ，ゼンテイカなど多彩な植物が生育する。花の見頃は7月中旬から下旬。

227

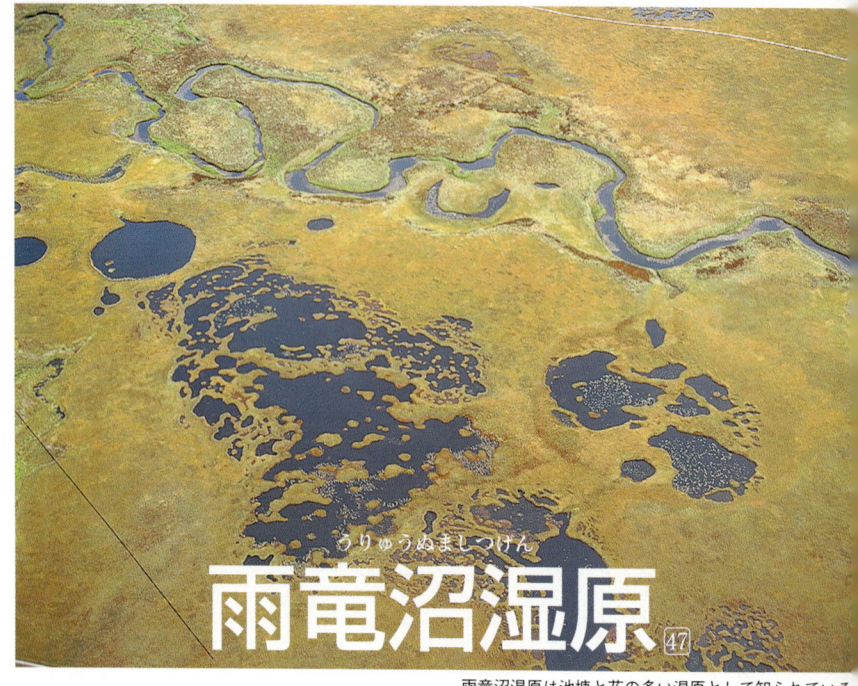

雨竜沼湿原

雨竜沼湿原は池塘と花の多い湿原として知られている

雨竜沼湿原への誘い

池塘寄り添う空中庭園

47. Uryunuma Mire

概説 雨竜沼湿原は道央西部の樺戸山地の北部，恵岱岳溶岩流の凹地に発達した湿原である。湿原は標高約850mに位置し，東西約2km，南北約1km，面積約101.5haであり，北海道の山地湿原の中では最も規模の大きな高層湿原である。

湿原には最大50mに及ぶ円形の沼や浮島をもつ池塘など大小百数十個に及ぶ池塘が散在している。水生植物や湿原植物が豊富で，景観的にも優れていることから，1964年には道指定天然記念物，1984年には暑寒別・天売・焼尻国定公園特別保護地区に指定され，厳重に保護されている。

湿原は中央部を蛇行しながら貫流するペンケペタン川に沿って北西から南東に緩く傾斜し，全体的に凹地形をなしている。高層湿原は主として湿原中央部と北西部にみられ，浮島や固定浮島をもつ池塘複合体やケルミーシュレンケ複合体など山地高層湿原特有の微地形がよく発達している。高層湿原周辺の緩斜地一帯にはヌマガヤ草原が広がり，雨竜沼湿

ペンケペタン川の蛇行と木道

カキツバタが美しい丸い池塘(佐々木純一氏撮影)

原の景観を特徴づけている。

　木道が整備され，地元有志による保護活動も活発で，保全状態の良好な湿原であるが，年々増加する観光客のオーバーユースが懸念されている。

種類　中・高層湿原

植生　雨竜沼湿原を代表する水生植物群落はオゼコウホネとエゾベニヒツジグサの群落である。オゼコウホネはネムロコウホネの変種で柱頭盤が紅色の花である。本州尾瀬ケ原と北オホーツク沿岸の湿原に分布するが，雨竜沼湿原のものは子房まで紅色を呈するものがみられ，これはウリュウコウホネと呼ばれる。花全体が黄色のネムロコウホネは稀である。この他ホソバノウキミクリやタマミクリなど実態が不明であったミクリ属植物の分布が最近の研究で明らかにされている。浅い池塘にはカラフトカサスゲ，ミツガシワ，カキツバタの群落がみられる。

　高層湿原の浮島や固定浮島，池塘バンクなどの凸地にはヌマガヤ－イボミズゴケ群落が分布する。コケ層ではイボミズゴケの他，ムラサキミズゴケとウスベニミズゴケが出現し草本層ではツルコケモモ，ホロムイスゲ，ワタスゲ，モウセンゴケ，ヒメシャクナゲ，ミガエリスゲ，ホロムイイチゴが出現する。シュレンケの植生はヤチスゲ群落とホロムイソウ－ミカヅキグサ群落でミカヅキグサ，ホロムイソウ，ヤチスゲの他，ヤチスギラン，ウツクシミズゴケなどが出現する。

　池塘複合体周辺の傾斜地ではヌマガヤ－キダチミズゴケ群落が最も広範囲に分布している。ここではキダチミズゴケとワタミズゴケがカーペット状に地表面を覆い，ヌマガヤ，ホロムイスゲ，ツルコケモモ，ワタスゲ，モウセンゴケなど高層湿原性植物の他，ミヤマイヌノハナヒゲ，ミカヅキグサ，ヤチカワズスゲ，チングルマ，イワイチョウ，シラネニンジンなど群落構成種は多彩である。湿原周

湿原中心部の池塘複合体

辺には中間湿原植生のホロムイスゲ-ヌマガヤ群落が広く分布する。ゼンテイカ、タチギボウシ、ナガボノシロワレモコウ、イワイチョウ、ショウジョウスゲなどの出現が特徴である。

　周辺台地はチシマザサ群落によって覆われ、ダケカンバの疎林が分布する。河辺にはミネヤナギの叢林やイワノガリヤスとヤラメスゲを主体とする低層湿原植生が分布する。支流沿いにはコバイケイソウ、ミヤマキンポウゲ、シナノキンバイ、カラマツソウなどの雪田性植物やエゾクガイソウ、エゾノシモツケソウ、エゾオヤマリンドウ、クルマユリ、クロバナハンショウヅルなど多彩な植物が河辺草原を彩る。流水縁には湿原に春の訪れを告げるミズバショウの他、ミツガシワ、クロバナロウゲ、ミズドクサ、スギナモ、カラフトカサスゲ、オオカサスゲなどが群落をつくっている。

地史　新第三紀末期に噴出した恵岱岳玄武岩からなる溶岩台地の凹地が埋積されて現在の泥炭地が形成された。泥炭層の厚さは深い所で3mに達する。泥炭層基底の^{14}C年代測定値によると、湿原形成の始まりは約9500年前と推定されている。

見所　最深積雪3m以上に達する道内有数の多雪山地の湿原で、本州尾瀬ケ原に比肩する池塘複合体の顕著な発達が特徴である。オゼコウホネとエゾベニヒツジグサを主体とする水生植物群落と高層湿原性ミズゴケ群落の分布、広大なヌマガヤ草原の展開、雪田性植物を含む多彩な河辺植生、そしてミズバショウに代表される流水縁の群落など北海道の山地湿原の中では群落多様度、種多様性の最も高い湿原である。

　雨竜沼湿原登山道の途中に景勝地「白竜の滝」がある。湿原内の周回木道から、動・植物を間近に観察できるし、最近完成した展望台からも湿原景観を楽しむことができる。

大蛇ケ原湿原

無意根山への登山道脇に湿原が

概説 大蛇ケ原湿原は無意根山の東斜面標高965〜980mの緩やかな傾斜をなす台地上に形成された，面積約9haの小規模な湿原である。湿原はアカエゾマツ林に取り囲まれて3カ所に成立している。湿原内には傾斜面に平行して棚田状に配列した池塘が多く，山地湿原に特有の景観を形成している

種類 中間湿原

植生 水深10cm以下の浅い池塘やシュレンケにはヤチスゲ群落とミカヅキグサ群落，深い池塘にはミツガシワ群落が分布する。池塘バンクにはモウセンゴケが特に多く，イボミズゴケ，ムラサキミズゴケ，ミヤマミズゴケ，サンカクミズゴケなどのミズゴケ類が群落をつくり，池塘の植生と共に群落複合体を形成している。池塘間の凹地や平坦地にはミヤマイヌノハナヒゲ，ミカヅキグサ，ヤチカワズスゲ，チングルマ，ワタスゲ

登山道から見渡す
美しい毛氈苔

48. Orochigahara Mire

無意根山麓の地滑り地形が湿原となった

ツルコケモモなどを主な構成種とするミヤマイヌノハナヒゲーワタミズゴケ群落が広範囲に分布している。

アカエゾマツ林と接する湿原周辺の排水のよい立地にはヤマドリゼンマイ，ハイイヌツゲ，チングルマ，チシマザサ，ハイマツなどが帯状に分布しており，ショウジョウスゲーイワイチョウ群落のような雪田植生も点在している。

地史 湿原の基盤地質は第四紀更新世の崖錐堆積物であり，無意根底溶岩の礫を多く含む砂礫層を主体とし，火山灰の薄層が挟在している。

湿原は約6000年前の地滑りによる堆積物上に成立したものといわれている。泥炭層の厚さは70cm以上，主としてスゲ泥炭からなる。

見所 大蛇ケ原湿原は東北地方多雪山地の湿原に類似する湿原である。ミヤマイヌノハナヒゲーワタミズゴケ群落は代

小さい池塘群の周囲のモウセンゴケ

表的な植生タイプであるが，ヌマガヤは分布していない。花の見頃はワタスゲの白い果穂が湿原を埋め，ゼンテイカ，チングルマなどが咲く7月中旬から下旬。湿原は無意根山登山道に面しており，道沿いの踏み跡地にはミタケスゲ，ヤチカワズスゲなどからなる代償植生がみられる。

233

中山峠を越える送電線の下の湿原

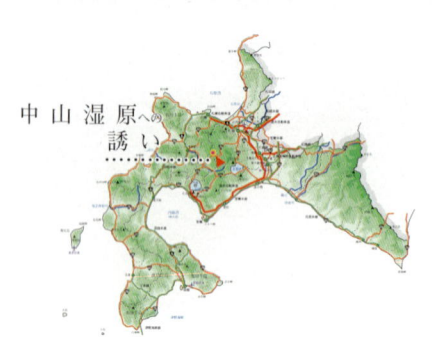

中山湿原 ㊾
なかやましつげん

概説 中山湿原（仮称）は最近発見された無名の湿原で，中山峠の北方，標高900m前後の山々が連なる山地斜面や鞍部の平坦地に形成された湿原群を指す。面積1〜4haほどの小規模な湿原である。多雪山地の豊富な雪解け水と周辺森林域からの浸出水に涵養されて成立したと考えられている。

中山湿原は夏にはしばしば深い霧がかかることも湿原が維持される原因の1つであろう。後志山地一帯は積雪量が多いこともこれに関わっている。同じ条件は，最近全容がわかってきた京極湿原（中山湿原の西側の山地にある）についてもいえる。後志山地には中山湿原と同じような人跡未踏の湿原が多数あり，その全容はいまだ明らかにされてはいない。

中山湿原への誘い

霧の峠のゼンテイカ

種類 中間湿原

植生 傾斜地の湿原ではヌマガヤ草原が卓越している。典型的な植生はヌ

49. Nakayama Mire

234

ワタスゲの果穂が夏の陽にまぶしい
満開のゼンテイカ

マガヤーホロムイスゲ群落で，ヌマガヤ，ホロムイスゲの他，ツルコケモモ，ワタスゲ，ナガボノシロワレモコウ，ヤチカワズスゲなどが多い。鞍部の平坦地に形成された湿原は泥炭層が３ｍ以上に達する場所もみられ，ここではミカヅキグサ，ヤチカワズスゲ，モウセンゴケ，ツルコケモモ，ミツバオウレンなどを伴ったミヤマイヌノハナヒゲーワタミズゴケ群落が卓越している。規模は小さいが，湿原内に点在する浅い池塘のバンクにはヌマガヤーイボミズゴケ群落が，湿原周辺の排水のよい立地にはヌマガヤーアオモリミズゴケ群落や東北地方多雪山地に分布するショウジョウスゲーイワイチョウ群落などもみられる。

湿原周辺には後志地方では珍しいアカエゾマツ林がある。アカエゾマツは平均樹高７ｍ前後で，トドマツ，ナナカマド，コシアブラなどの高木種を伴い，林床にはチシマザサ，クロウスゴ，コヨウラクツツジ，アカミノイヌツゲ，ヒメタケシマラン，イワツツジ，ツルツゲなどの針葉樹林要素の他，ハイイヌツゲ，ヤマドリゼンマイ，タチギボウシ，ヨシ，ミズバショウなどの湿原植物も多数生育する。

見所　ヌマガヤ草原のため景観的には地味であるが，７月にはワタスゲの白い果穂やゼンテイカ，ヒオウギアヤメ，イワイチョウ，ミツバオウレン，シラネニンジン，コツマトリソウ，ツルコケモモなどが咲いて湿原を彩る。湿原は林道に面しているわけではないので接近することは難しい。

神仙沼湿原

沼と池塘と湿原を巡る木道

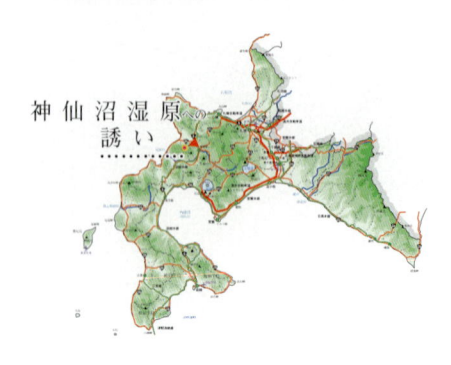

神仙沼湿原 誘い

時になお神仙の遊ぶか

概説 神仙沼湿原はチセヌプリの北麓，標高770mの泥流堆積物の凹地に形成された湿原である。神仙沼は面積約0.01km²，最大水深2mの沼で，湿原は沼の西側に発達している。面積は約2.5haで，緩やかな傾斜地には浅い池塘が棚田状に配列し，山地湿原に特有の微地形が発達している。

後志地方では神仙沼湿原だけに産するネムロコウホネをはじめとして，分布の限られるアカエゾマツの群生，チングルマやハイマツなど高山植物の下降，ヌマガヤ，ツルコケモモ，ミズゴケ類など多数の湿原植物を産し，フロラや植生の面でも特色ある湿原である。1963年にはニセコ積丹小樽海岸国定公園特別保護地域に指定され，厳重に保護されている。

近年，入山者の増加による湿原の荒廃も指摘されている。

種類 中・高層湿原

50. Shinsennuma Mire

湿原の微地形。ケルミーシュレンケ複合体の景観

植生 　湿原内の沼や神仙沼にはミクリ属、フトヒルムシロ、ネムロコウホネの浮葉植物群落やクロヌマハリイ、ミツガシワの抽水植物群落が分布している。浅い池塘やシュレンケにはホロムイソウーミカヅキグサ群落がふつうにみられ、ここにはヤチスゲ、フトハリミズゴケ、ホロムイスゲ、ミツガシワなども生育している。

　池塘バンクにはイボミズゴケ、ムラサキミズゴケ、ヌマガヤ、ワタスゲ、ホロムイスゲ、ツルコケモモなどから構成されるヌマガヤーイボミズゴケ群落が分布している。緩やかな傾斜地や平坦地ではミヤマイヌノハナヒゲーワタミズゴケ群落が卓越しており、チングルマが多いのが特徴である。

　湿原周辺にはアカエゾマツ林やハイマツ群落がみられ、林床にはカラフトイソツツジの他、ヌマガヤ、ホロムイイチゴ、ミズバショウ、ヤマドリゼンマイ、ミツバオウレン、ゼンテイカなど多彩な植物が生育する。

地史 　湿原の基盤地質は第四紀更新世末期にチセヌプリ火山群から噴出した泥流堆積物である。泥炭層の厚さは平均1.4m、基底の^{14}C年代測定値から湿原形成の始まりは約3300年前と推定されている。

見所 　神仙沼と多彩な湿原植物、周辺のアカエゾマツ林とが調和した美しい湿原である。沼と湿原内池塘を観察できるように湿原を一周する木道が整備されており、春から秋まで探勝できる。

　ニセコ山地にはいくつかの湿原があるが、神仙沼湿原は最も整った景観をもち、観察しやすい。入口には大きな駐車場とビジターセンター、トイレも完備している。

　近くに大谷地があり、ここには分布が限られるフサスギナがある。フサスギナは地形的に高所に分布するササ草原に生育してる。

　大谷地の湿地は蛇行する川沿いの氾濫原跡にみられ、規模は小さい。

237

ホロホロ湿原

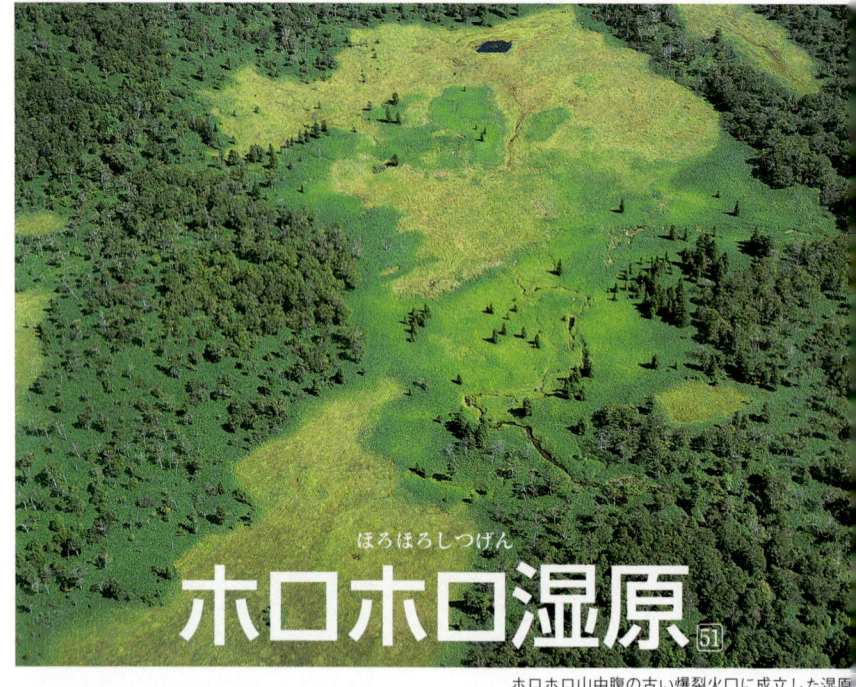

ホロホロ山中腹の古い爆裂火口に成立した湿原

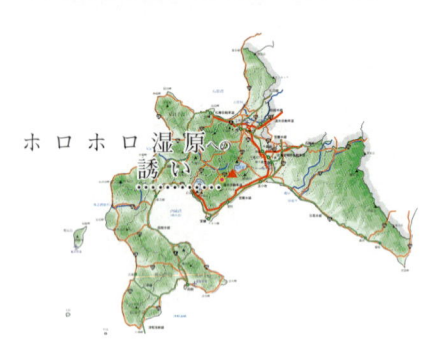

ホロホロ湿原への誘い

ホロホロ山に
隠されて

51. Horohoro Mire

概説　胆振の白老町の背後をなす徳舜瞥山地は，標高1,322mのホロホロ山を主峰とする山地である。その標高はいずれも高いものではないが，胆振地方特有の夏期の霧によって低標高ながら高山植物群落の発達がみられる。

　湿原の数は比較的多いが，多くはササ群落の中に点在している。

　ホロホロ湿原もまたその１つで，白老町の西北，白老岳の稜線を西に辿ってホロホロ山を乗り越した所にあり，敷生川の支流，毛敷生川の源流をなすものだ。

　ここへの到達は容易ではなく，白老山岳会によると，まず，白老川を森野まで遡り，ここから南西に向けて山腹を巻いて登り，毛敷生川の上流に達し，そこから這い上がるというものである。

種類　高層湿原，一部中間湿原

中間湿原のゼンテイカ（白老山岳会提供）
7月のホロホロ湿原（白老山岳会提供）

植生 中央部のミズゴケ湿原ではチャミズゴケ、ムラサキミズゴケ、イボミズゴケにチングルマ、ヒメイチゲ、ネバリノギラン、ワタスゲ、ツルコケモモ、ハクサンチドリ、コツマトリソウなどがみられる。

周辺部の中間湿原はゼンテイカの群落が代表的で、ナガバキタアザミ、カラマツソウ、タチギボウシ、アゼスゲ、バイケイソウなどがみられる。また、沼にはエゾヒッジグサ、ミツガシワなどがある。

湿原の一部にはササが侵入していて、ここではミネヤナギ、トクサ、ギョウジャニンニク、ケヤマハンノキ、ハイイヌツゲ、バイケイソウおよびアカエゾマツがみられる。

見所 極めて到達が難しいから一般向けではない。山中の静かな湿原で、よく整った自然の庭園の風情を楽しむ、という所であろう。

ツルコケモモ（橘ヒサ子撮影）

239

ミヤマイ

イグサ属の検索表(太字は掲載種)

1a 小花の基部に2枚の小苞がある
  2a 葉はイネ科状で偏平,花序は茎の先端に頂生
    3a 花序は大きく全体の半分以上を占める,一年草 ……**250ヒメコウガイゼキショウ**
    3b 花序は全体の1/2以下,多年草
      4a 花被片は硬い披針形で鋭頭,果実は花被片より短い ……**251クサイ**
      4b 花被片は卵形で円頭,果実は花被片より長い ……**252ドロイ**
  2b 葉は鱗片状,花序は仮側生(花序基部の苞葉が茎状に立つため)
    3c 茎状の苞葉は短く花序と同長かやや長いくらい ……**253ミヤマイ**
    3d 茎状の苞葉は花序よりずっと長い
      4c 雄しべは3本 ……**254イ(イグサ)**
      4d 雄しべは6本
        5a 地下茎は細く節間が短く,葯が花糸に比べずっと短い ……**255エゾホソイ**
        5b 地下茎は太く節間は長く,葯は花糸よりずっと長い
          6a 茎は偏平でねじれる ……**256イヌイ(ヒライ)**
          6b 茎は円くねじれない ……ハマイ
1b 小花の基部に2枚の小苞がない
  2c 葉はイネ科状で上下に偏平で脈がある ……**257セキショウイ**
  2d 葉は円筒状あるいは左右から圧偏する
    3e 頭花は大形,半球形で幅広く,1〜3個つく
      4e 頭花は茎頂に通常1(2)個つく
        5c 頭花基部の苞は長く頭花を抜き,雄しべは花被片より短い。花被片は披針形で鋭頭 ……**258エゾノミクリゼキショウ**
        5d 頭花基部の苞は短く,雄しべは花被片と同長かより長い
          6c 花被片は卵状披針形で鈍頭 ……タカネイ
          6d 花被片は狭披針形でやや鋭頭 ……エゾイトイ
      4f 頭花は2〜3個つく,花被片は濃赤褐色 ……**259クロコウガイゼキショウ**
    3f 頭花は小〜中形でやや球形,3〜多数個つく
      4g 茎は円形,葉は円筒形で隔壁がある
        5e 花被片は鈍頭 ……**261ホロムイコウガイ**
        5f 花被片の少なくとも外片は鋭頭
          6e 雄しべは6本,果実は鈍頭,凸端で花被片よりやや長い
            7a 葉の隔壁がやや不明瞭で頭花は3個前後と少ない,高山産 ……**260ミヤマホソコウガイゼキショウ**
            7b 葉の隔壁は明瞭,頭花は多数,平地産 ……タチコウガイゼキショウ
          6f 雄しべは3本,果実は鋭尖頭で花被片よりずっと長い
            7c 頭花は2〜3個の小花からなる
              8a 種子はおがくず状,稀 ……**262ホソコウガイゼキショウ**
              8b 種子はおがくず状でない ……アオコウガイゼキショウ
            7d 頭花は3〜6個の小花からなる ……ハリコウガイゼキショウ
      4h 茎はやや偏平な2稜形となり縁に狭い翼があり,葉は偏平
        5g 頭花は4〜7個の小花がつく ……**263コウガイゼキショウ**
        5h 頭花は7〜12個の多数の小花が星状につき,茎の翼もより明瞭
          6g 頭花は黒褐色で3個前後つく ……**265ミクリゼキショウ**
          6h 頭花は淡褐色で10個前後つく ……**264ヒロハノコウガイゼキショウ**

スゲ属の検索表

（小穂の形や柄の有無は明瞭に決められない場合が多くある。
みつからない場合は，上下の近い類の中を探して下さい。）

1a 小穂は1本が茎に頂生するようにみえる …………カンチスゲ，キンスゲ，ハリスゲ類
1b 小穂は2本以上が茎につく
  2a 小穂は無柄で小穂内に雌花と雄花があるが通常雄花部が目立たないので雌小穂だけあるようにみえる
    3a 小穂同士は隔離する傾向にある（小穂が2～3本と少ないときは茎頂近くで接近する）
      …………ツルスゲ，ハクサンスゲ－ヒメカワズスゲ－イッポンスゲ，ヤチカワズスゲ類
    3b 小穂同士が集まり1つの穂状花序にみえる ……オオカワズスゲ－ミノボロスゲ類
  2b 小穂は無～有柄，上方の小穂が雄性，下方のものが雌性に分化する
    3c 上方の1（～3）小穂が雄性
      4a 雌小穂は卵～長楕円形
        5a 雌小穂は無～有柄，直立する傾向 …………ホロムイクグ，カミカワスゲ，カブスゲ，ヒメウシオスゲ類
        5b 雌小穂は有柄，下垂する傾向 ……ヤチスゲ，ゴウソ，トマリスゲ－ヤラメスゲ類
      4b 雌小穂は多数花が密生する円柱形
        5c 雌小穂は無～有柄，直立の傾向 ……カサスゲ，タニガワスゲ，アゼスゲ類
        5d 雌小穂は有柄で下向きあるいは茎全体が湾曲し点頭…カワラスゲ－アズマナルコ，ヒラギシスゲ類
    3d 上方の2本以上の小穂が雄性 ……………オオカサスゲ－オニナルコスゲ，ビロードスゲ－ムジナスゲ類

カンチスゲ，キンスゲ，ハリスゲ類：297カンチスゲ，298ヤリスゲ，299キンスゲ，300イトキンスゲ，301タカネハリスゲ（ミガエリスゲ），302コハリスゲ，303エゾハリスゲ（オオハリスゲ），304ハリガネスゲ

ツルスゲ，ハクサンスゲ－ヒメカワズスゲ－イッポンスゲ，ヤチカワズスゲ類：305ハクサンスゲ，306ヒメカワズスゲ，307ホソバオゼヌマスゲ，308ヒロハオゼヌマスゲ，309ツルスゲ，310ヒロハイッポンスゲ，311イッポンスゲ，312アカンスゲ，313ヤチカワズスゲ，314キタノカワズスゲ，315タカネヤガミスゲ，316イトヒキスゲ

オオカワズスゲ－ミノボロスゲ類：317オオカワズスゲ，318ミノボロスゲ，319クリイロスゲ，320クシロヤガミスゲ，321カヤツリスゲ

ホロムイクグ，カミカワスゲ，カブスゲ，ヒメウシオスゲ類：322ムセンスゲ，323ホロムイクグ，324コヌマスゲ，325カブスゲ，326シュミットスゲ，327ヒメアゼスゲ（コアゼスゲ），328オハグロスゲ，329カミカワスゲ，330ラウススゲ，331ヒメウシオスゲ，332ウシオスゲ，345タルマイスゲ，346サヤスゲ（ケヤリスゲ），347ハタベスゲ，348ミタケスゲ，349ヒメシラスゲ，350エゾサワスゲ

ヤチスゲ，ゴウソ，トマリスゲ－ヤラメスゲ類：333ヤチスゲ，334イトナルコスゲ，335ゴウソ，336トマリスゲ（ホロムイスゲ），337ヤラメスゲ

カサスゲ，タニガワスゲ，アゼスゲ類：338カサスゲ，339ミヤマシラスゲ，340サドスゲ，341アゼスゲ，342オオアゼスゲ，343タニガワスゲ，344ヤマアゼスゲ

カワラスゲ－アズマナルコ，ヒラギシスゲ類：351ヒラギシスゲ，352ナルコスゲ，353リシリスゲ，354ジョウロウスゲ

オオカサスゲ－オニナルコスゲ，ビロードスゲ－ムジナスゲ類：355オオカサスゲ，356オニナルコスゲ，357カラフトカサスゲ，358ムジナスゲ，359ビロードスゲ，360アカンカサスゲ

ミクリ属の検索表(太字は掲載種)

1a 花茎は分枝し枝は(3〜)5本以上,全体大きく葉は幅8〜15mmで茎は抽水する
　　　　　　　　　　　　　　　　　　　　　　　　　　　　　　　　　　　　　189**ミクリ**
1b 花茎は分枝し枝は1〜2本
　2a 葉は幅2〜10mmで抽水性 ………………………………………190**ヒメミクリ**
　2b 葉は幅1〜2mmで浮葉性 ………………………………………194**ウキミクリ**
1c 花茎は分枝しない
　2c 雌性頭花は葉腋生で下部の1〜2個は有柄…………………193**ナガエミクリ**
　2d 雌性頭花は葉腋生で無柄 ………………………………………190**ヒメミクリ**
　2e 下から2番目以降の雌性頭花は腋上生
　　3a 雄性頭花は1〜2個,雌性頭花に接する
　　　4a 雌性頭花は3〜6個密集する,抽水〜一部浮葉になる …………192**タマミクリ**
　　　4b 雌性頭花は2〜3個やや密集,浮葉性 ……………………195**チシマミクリ**
　　3b 雄性頭花は2〜4個,雌性頭花から離れてつく …………196**ホソバウキミクリ**
　　3c 雄性頭花は4〜7個,雌性頭花から離れてつく …………191**エゾミクリ**

ヒルムシロ属の検索表(太字は掲載種)

1a 浮葉がなく沈水葉のみ
　2a 沈水葉は披針〜卵形 …………………ヒロハノエビモ,ナガバエビモ,ササバモ
　　(浮葉がときにある,稀),ササエビモ(稀)
　2b 沈水葉は広線形〜針状
　　3a 葉の基部が鞘になる ………………………………240**センニンモ**,リュウノヒゲモ
　　3b 葉の基部は鞘にならない
　　　4a 葉縁に鋸歯が明瞭 ……………………………………………241**エビモ**
　　　4b 葉縁に鋸歯はない
　　　　5a 葉は幅2〜5mm,5〜7脈 …………………………………242**ヤナギモ**
　　　　5b 葉は幅0.5〜3mm,1〜3(〜5)脈 ……………243**イトモ**,エゾヤナギモ,
　　　　　イヌイトモ(稀),ツツイトモ(稀),アイノコイトモ(稀)
1b 浮葉がある
　2c 浮葉の長さ4cm以下 …………………………244**ホソバミズヒキモ**(稀に浮葉を欠く)
　2d 浮葉の長さ(3〜)4cm以上
　　3c 浮葉が多数
　　　4c 雌しべ1〜3本 ……………………………………………………ヒルムシロ
　　　4d 雌しべ4本
　　　　5c 沈水葉は針形 …………………………………………245**オヒルムシロ**
　　　　5d 沈水葉は披針〜狭長楕円形の葉身をもつ ………246**フトヒルムシロ**
　　3d 浮葉は少なく沈水葉が多い
　　　4e 浮葉の葉身と葉柄が明瞭 …………………………247**エゾ(ノ)ヒルムシロ**
　　　4f 浮葉の葉身と葉柄が不明瞭 ………248**ホソバヒルムシロ**(ときに浮葉を欠く)

ホタルイ属の検索表（太字は掲載種）

1a 花序は茎の先に頂生する
  2a 小穂は1本，苞葉はない
    3a 茎は鈍い3稜形 ……………………………………………………373 **ミネハリイ**
    3b 茎は鋭い3稜形でざらつく ………………………………………374 **ヒメワタスゲ**
  2b 小穂は2個以上，花序下部に苞葉がある
    3c 高山生で高さ15～30cmの小形の植物 ……………………………379 **タカネクロスゲ**
    3d 平地～山地生で茎は高さ1～1.5mの大形の植物
      4a 小穂は少数で，長さ8～20mm，果実は褐色で長さ3～4mm
        5a 花穂は1～少数の無柄の小穂からなる …375 **エゾウキヤガラ（コウキヤガラ）**
        5b 花穂の枝は分枝しやや多数の小穂をつける ……………………376 **ウキヤガラ**
      4b 小穂は多数つき，長さ8mm以下，果実は淡色で長さ約1mm
        5c 小穂は赤褐色 ……………………………………377 **アブラガヤ（エゾアブラガヤ）**
        5d 小穂は黒灰色
          6a 花のない枝が地上を這い，刺針は屈曲して果実より著しく長い
          ………………………………………………………………………ツルアブラガヤ
          6b 花のない枝は地上を這わない，刺針下向きにざらつき果実より少し長い
  ………………………………………………………………………………378 **クロアブラガヤ**
1b 花序は側生につくようにみえる（苞が茎状で茎に連なって直立する）
  2c 茎は円い
    3e 茎は細く径1～2mm，小穂は無柄
      4c 小穂はただ1本つく，稀 ……………………………………………380 **ヒメホタルイ**
      4d 小穂は数個つく
        5e 鱗片はやや膜質で果実は長さ1.2～1.5mm，稀 ……………………コホタルイ
        5f 鱗片はやや硬く，果実は長さ約2mm，ふつう ………………381 **ホタルイ**
    3f 茎は太く径7～15mm，小穂には分枝する柄がある，ふつう ……………382 **フトイ**
  2d 茎は鋭い3稜形
    3g 地下茎は短く植物体は株状，小穂は無柄，柱頭は3本で果実は3稜形
    ………………………………………………………………………………384 **カンガレイ**
    3h 地下茎は長く這い，小穂はときに短い柄がでて，柱頭は2本，果実はレンズ形
      4e 小穂は長楕円形または卵形，柄は分枝せず，ふつう …………383 **サンカクイ**
      4f 小穂は狭長楕円形，柄はしばしば分枝し，道南に稀 …………………シズイ

用語解説

塩生湿地（塩沼地）
外洋の波浪の影響がない潟湖の岸，河口，内湾の奥などの低平な地形に塩分を含んだ泥土が堆積し，塩水あるいは汽水で潤されている湿地。塩類が比較的豊富でアルカリ性を示し，塩分濃度が高くても生育可能なアッケシソウ，オオシバナのような塩生植物が群落を形成する。

傾斜地（斜面）泥炭地
形成されている場所の地形的特徴によって分類された泥炭地の一型。日本では東北地方から北海道の多雪山地で，火山灰などの火山噴出物を基盤とする傾斜地に形成されたものが多い。池塘が多く，等高線に沿ってケルミーシュレンケ複合体の顕著な発達や特徴的な植生がみられる。傾斜湿原と呼ばれることもある。

ケルミ
高層湿原の傾斜地に発達する特有の微地形で，ブルトよりも連続性のある帯状の高まり。原語はフィンランド語[kermi(s)]。ケルミは方向性をもっており，一般に最大傾斜に直交する方向，つまり等高線に沿って配列する。ミズゴケ類やスゲ類などが生育する。

ケルミーシュレンケ複合体
高層湿原の傾斜地や山地に発達する傾斜湿原ではケルミの群落とシュレンケの群落とが微地形に対応して一定の配列をしており，その群落の組み合わせと広がりをケルミーシュレンケ複合体と呼ぶ。

高層湿原
泥炭の集積が進み，地表面が盛り上がって地下水位面より高くなり，降水や海霧など天水のみで涵養される貧栄養性の湿原。温帯や亜寒帯の低温・過湿な気候条件のもとで形成されることが多い。泥炭は養分に乏しいばかりでなく，腐植酸の影響で強酸性を示す。ミズゴケ類が優占し，貧栄養，過湿な条件で生育できるツツジ科の矮生低木やモウセンゴケなどの食虫植物，小形スゲ類などが群落を形成する。

砂　州
波の作用により生じた砂礫や河川によって運ばれた砂礫が，岬や海岸の突出部から海側に細長く突出した地形で，砂嘴がさらにのびて対岸にほとんど結びつくようになったものを砂州という。砂州によっては内側に潟湖が生じ，流入河川からの土砂によって堆積が進むと低湿地に移行する。

自然堤防
河川の上流から運搬されてきた砂などが河道の岸に沿って堆積して形成された微高地。洪水時に周囲に溢れる土砂を含んだ河水は，河道に近い流速の早い部分から砂などの比較的粗粒な物質を堆積していくため，洪水が繰り返されると，河道に沿って緩やかな微高地が形成される。

シュレンケ（ホロー，小凹地）
ブルトあるいはケルミの間にある凹地で，ふつう湛水して開水面をもつ。原語

はドイツ語[Schlenke(n)]。ブルトと共に高層湿原の地表面を構成する。カヤツリグサ科や食虫植物，ミズゴケ類などが生育する。

常在種
植物社会学的に決定された群落単位(例えば「群集」)において，出現頻度の高い種。

潟湖(ラグーン)
浅海の一部が，砂嘴や砂州または沿岸州によって外海と絶縁され，浅い湖沼となったもので，海跡湖の一種。一般に1カ所または複数の狭い潮口によって外海と通じ，ここから海水が出入し，陸上から流入する淡水によって運ばれた(浮遊)土砂が堆積する。

雪田植物群落
多雪山地の風下斜面や凹地では局地的に夏まで雪田や雪渓が残る。雪田植物群落は残雪が解けた後に生ずる植生で，その華麗さから湿性のお花畑と呼ばれる。雪解け水で季節的に過湿になる立地ではツガザクラ類，チングルマなどの小低木やイネ科，スゲ類の草本植物が多く，常時湿っている立地ではエゾコザクラ，ミヤマイ，イワイチョウ，ショウジョウスゲなどが群落をつくる。遅い融雪の後に速やかに生長し，開花・結実する生活型の植物が多い。

池塘(池沼)複合体
湿原の中にある小さな湖沼を池塘(池沼)と呼んでいる。池塘は川の後背湿地に形成された河跡湖に起源し，円形や楕円形，勾玉のように屈曲したもの，傾斜地に発達した山地湿原では原地形やシュレンケに起源し，棚田状に配列した細長い形をしたもの，湧水起源のものなどさまざまなものがみられる。一般にたくさんの池塘が集まって池塘群を形成しており，中には浮島や固定浮島をもつものもある。植生は開水面の水生植物群落と浮島や池塘堤のミズゴケ群落とが微地形に対応して一定の配列をしており，その群落の組み合わせと広がりを池塘複合体と呼ぶ。

中間湿原
泥炭層が厚くなり，地下水の影響が少なくなった中栄養性の湿原。低層湿原から高層湿原への発達途上にある。植生はヌマガヤが優占し，ホロムイスゲ，ヤチヤナギ，ゼンテイカ，ヤマドリゼンマイ，タチギボウシなどを多く伴う。

抽水植物
根を水底の泥に下ろし，葉と茎が空気中にでている植物。河川の後背湿地や湖沼の水辺に生育する。ヨシ・ガマ・マコモ・フトイ・コウホネなど。

低層湿原
泥炭が水中で堆積し，地表面が地下水位面より低く，鉱質(溶解性の塩類)に富む地下水や地表水に涵養される富栄養性の湿原。河川の後背湿地や川・湖沼の岸近くなどに成立する。植生はヨシやスゲ類を主とし，しばしばハンノキの灌木林や疎林を伴う。

標徴種
植物社会学的な群落単位区分を質的に規定する種。特定の植物群落への結びつきの程度を示す「適合度」の5段階評価基準で高い適合度(V～Ⅲ)を示す種。

ブルト(ブルテ，ハンモック，小凸地)
高層湿原に特有な微地形の1つで，泥炭地の表面にできる塚状の高まり。原語はドイツ語[Bult(en), Bulte(n)]。周囲よりやや高いため，ブルトを取り囲む水

分の比較的多い窪み(シュレンケ)に比べ乾燥している。頂部にはツツジ科矮生低木やスギゴケ，ミズゴケなどの蘚類が生育することが多く，発達すると頂部は地衣類で覆われる。

ブルトーシュレンケ複合体(再生複合体)
　高層湿原の平坦地ではミズゴケブルトの群落とシュレンケの群落とが微地形に対応して一定の配列をしており，その群落の組み合わせと広がりをブルトーシュレンケ複合体と呼ぶ。ミズゴケ類の成長と物質生産・分解の種間差によってブルトとシュレンケの交代が起こり，その結果として湿原が発達していくという考えがあり，別名，再生複合体とも呼ばれる。

分岐砂嘴
　沿岸流で運ばれた砂礫が，湾口を閉じるように堆積し，湾に面した海岸や岬の先端などから嘴状に細長く突き出るようにのびている砂礫の州を砂嘴という。先端が湾奥に向かって湾曲する鍵状砂嘴が多いが，先端部がいくつかに分かれたものを分岐砂嘴という。

偏向遷移
　人の干渉，例えば採草・火入れが植物群落に継続して加わることによって，一次遷移(火山噴火地などのように，まったく新しい裸地上で始まる群落の移り変わり)とは違った方向に遷移が進むこと。

谷地坊主
　低層湿原に生育するカブスゲやヒラギシスゲなどの株が地表から数十cm以上も隆起して円頂円筒形または逆徳利形に叢生したもの。夏期は，頂部からスゲ類の長い葉が「払子(ほっす)」のようにしげり，冬期になると枯れて坊主頭のようになるので谷地(野地)坊主の名称が与えられたという。この成因としては根系の盛んな分けつによる上昇成長と降雨時の地表流水によって基部の地表面が浸食されることによると考えられている。北海道では道東地方に多い。

優占種
　ある植物群落の中で最も被度が大きく量的に多い種。一般に群落の相観を決定する。

ラグ(縁辺湿地)
　高層湿原の縁辺部で水の集まる凹地。水は養分に富み，低層湿原植生が成立する。原語はスウェーデン語[lagg]。

ローン
　山地湿原や高層湿原の硬い泥炭地に成立しているイネ科や小形スゲ類，ミズゴケ類から構成される芝生状の植生。原語は英語[lawn]。

湿原植物和名・学名対照表

「第Ⅰ部 北海道の湿原植物」で解説した植物についてのみ収録した。
最初の数字は植物番号。（ ）内の数字は頁数を示す。
The first number shows a plant number. The number in a parenthesis shows the number of pages.

1 (6)：シナノキンバイ(ソウ) *Trollius riederianus* var. *japonicus*
2 (6)：チシマノキンバイソウ *Trollius riederianus* var. *riederianus*
3 (6)：エゾノリュウキンカ *Caltha palustris* var. *barthei*
4 (6)：エンコウソウ *Caltha palustris* var. *enkoso*
5 (7)：カラクサキンポウゲ *Ranunculus gmelinii*
6 (7)：ハイキンポウゲ *Ranunculus repens*
7 (7)：イトキンポウゲ *Ranunculus reptans*
8 (7)：タガラシ *Ranunculus sceleratus*
9 (8)：コキツネノボタン *Ranunculus chinensis*
10 (8)：コウホネ *Nuphar japonicum*
11 (8)：ネムロコウホネ *Nuphar pumilum*
12 (8)：オゼコウホネ *Nuphar pumilum* var. *ozeense*
13 (9)：オトギリソウ *Hypericum erectum*
14 (9)：サワオトギリ *Hypericum pseudopetiolatum*
15 (9)：コケオトギリ *Sarothra laxa*
16 (9)：ヤマガラシ(ミヤマガラシ) *Barbarea orthoceras*
17 (10)：エゾネコノメソウ *Chrysosplenium alternifolium* var. *sibiricum*
18 (10)：ネコノメソウ *Chrysosplenium grayanum*
19 (10)：ツルネコノメソウ *Chrysosplenium flagelliferum*
20 (10)：ヤマネコノメソウ *Chrysosplenium japonicum*
21 (11)：チシマネコノメ(ソウ) *Chrysosplenium kamtschaticum*
22 (11)：マルバネコノメ(ソウ) *Chrysosplenium ramosum*
23 (11)：エゾツルキンバイ *Potentilla egedei* var. *grandis*
24 (11)：キジムシロ *Potentilla fragarioides* var. *major*
25 (12)：ノウルシ *Euphorbia adenochlora*
26 (12)：キツリフネ *Impatiens noli-tangere*
27 (12)：ヤナギトラノオ *Lysimachia thyrsiflora*
28 (12)：クサレダマ *Lysimachia vulgaris* var. *davurica*
29 (13)：アサザ *Nymphoides peltata*
30 (13)：ゼンテイカ(エゾカンゾウ) *Hemerocallis dumortierii* var. *esculenta*
31 (13)：ミゾホオズキ *Mimulus nepalensis* var. *japonica*
32 (13)：オオバミゾホオズキ *Mimulus sessilifolius*
33 (14)：タヌキモ *Utricularia vulgaris* var. *japonica*
34 (14)：オオタヌキモ *Utricularia macrorhiza*
35 (14)：コタヌキモ *Utricularia intermedia*
36 (14)：ヒメタヌキモ *Utricularia minor*
37 (15)：エゾノタウコギ *Bidens radiana* var. *pinnatifida*
38 (15)：タウコギ *Bidens tripartita*
39 (15)：ヤナギタウコギ *Bidens cernua*
40 (15)：コガネギク(ミヤマアキノキリンソウ) *Solidago virgaurea* ssp. *leiocarpa*

41(16)：ニガナ *Ixeris dentata*
42(16)：オグルマ *Inula japonica*
43(16)：キショウブ *Iris pseudacorus*
44(16)：カキラン *Epipactis thunbergii*
45(17)：ミゾソバ *Persicaria thunbergii*
46(17)：サデクサ *Persicaria maackiana*
47(17)：タニソバ *Persicaria nepalensis*
48(17)：ヤナギタデ *Persicaria hydropiper*
49(18)：アキノウナギツカミ *Persicaria sieboldii*
50(18)：ナガバノウナギツカミ *Persicaria hastato-sagittata*
51(18)：ヤノネグサ *Persicaria nipponensis*
52(18)：エンビセンノウ *Lychnis wilfordi*
53(19)：ジュンサイ *Brasenia schreberi*
54(19)：ミズオトギリ *Triadenum japonicum*
55(19)：ホザキシモツケ *Spiraea salicifolia*
56(19)：エゾノシモツケソウ *Filipendula yezoensis*
57(20)：クロバナロウゲ *Potentilla palustris*
58(20)：エゾノレンリソウ *Lathyrus palustris* ssp. *pilosus*
59(20)：ツリフネソウ *Impatiens textori*
60(20)：エゾミソハギ *Lythrum salicaria*
61(21)：ホソバアカバナ *Epilobium palustre* var. *lavandulaefolium*
62(21)：エダウチアカバナ *Epilobium fastigiato-ramosum*
63(21)：ミヤマアカバナ *Epilobium foucaudianum*
64(21)：アカバナ *Epilobium pyrricholophum*
65(22)：ツルコケモモ *Vaccinium oxycoccus*
66(22)：ヒメツルコケモモ *Vaccinium microcarpum*
67(22)：コケモモ *Vaccinium vitis-idaea*
68(22)：クロマメノキ（ヒメクロマメノキ，コバノクロマメノキ）*Vaccinium uliginosum* var. *alpinum*
69(23)：ヒメシャクナゲ *Andromeda polifolia*
70(23)：エゾノツガザクラ *Phyllodoce caerulea*
71(23)：ウミミドリ *Glaux maritima* var. *obtusifolia*
72(23)：クリンソウ *Primula japonica*
73(24)：ユキワリコザクラ *Primula modesta* var. *fauriei*
74(24)：エゾコザクラ *Primula cuneifolia*
75(24)：イヌゴマ *Stachys riederi* var. *intermedia*
76(24)：エゾイヌゴマ *Stachys riederi* var. *villosa*
77(25)：ヒメハッカ *Mentha japonica*
78(25)：アゼナ *Lindernia procumbens*
79(25)：サワヒヨドリ *Eupatorium lindleyanum*
80(25)：ヨツバヒヨドリ *Eupatorium chinense* ssp. *sachalinense*
81(26)：チシマアザミ *Cirsium kamtschaticum*
82(26)：エゾノサワアザミ *Cirsium kamtschaticum* ssp. *pectinellum*
83(26)：ミゾカクシ *Lobelia chinensis*
84(26)：ショウジョウバカマ *Heloniopsis orientalis*
85(27)：クロユリ *Fritillaria camtschatcensis*
86(27)：イボクサ *Murdannia keisak*
87(27)：ザゼンソウ *Symplocarpus foetidus*
88(27)：ヒメザゼンソウ *Symplocarpus nipponicus*

89(28)：サワラン *Eleorchis japonica*
90(28)：トキソウ *Pogonia japonica*
91(28)：ハクサンチドリ *Orchis aristata*
92(28)：コアニチドリ *Amitostigma kinoshitae*
93(29)：カラフトブシ *Aconitum sachalinense*
94(29)：テリハブシ *Aconitum yesoense* var. *macroyesoense*
95(29)：クロバナハンショウヅル *Clematis fusca*
96(29)：クシロハナシノブ *Polemonium caeruleum* ssp. *laxiflorum* f. *paludosum*
97(30)：タテヤマリンドウ *Gentiana thunbergii* var. *minor*
98(30)：ミヤマリンドウ *Gentiana nipponica*
99(30)：エゾリンドウ *Gentiana triflora* var. *japonica*
100(30)：ホロムイリンドウ *Gentiana triflora* var. *japonica* f. *horomuiensis*
101(31)：タニマスミレ *Viola epipsila* ssp. *repens*
102(31)：オオバタチツボスミレ *Viola kamtschadalorum*
103(31)：ワスレナグサ *Myosotis scorpioides*
104(31)：エゾムラサキ *Myosotis sylvatica*
105(32)：エゾナミキ *Scutellaria strigillosa* var. *yezoensis*
106(32)：ハッカ *Mentha arvensis* var. *piperascens*
107(32)：オオマルバノホロシ *Solanum megacarpum*
108(32)：ホソバウルップソウ *Lagotis yesoensis*
109(33)：エゾノカワヂシャ *Veronica americana*
110(33)：カワヂシャ *Veronica undulata*
111(33)：ホザキノミミカキグサ *Utricularia racemosa*
112(33)：ムラサキミミカキグサ *Utricularia yakusimensis*
113(34)：サワギキョウ *Lobelia sessilifolia*
114(34)：ウラギク *Aster tripolium*
115(34)：タチギボウシ *Hosta sieboldii* var. *rectifolia*
116(34)：ミズアオイ *Monochoria korsakowii*
117(35)：ノハナショウブ *Iris ensata* var. *spontanea*
118(35)：カキツバタ *Iris laevigata*
119(35)：アヤメ *Iris sanguinea*
120(35)：ヒオウギアヤメ *Iris setosa*
121(36)：エゾノミズタデ *Persicaria amphibia*
122(36)：エゾハコベ *Stellaria humifusa*
123(36)：ナガバツメクサ *Stellaria longifolia*
124(36)：エゾオオヤマハコベ *Stellaria radians*
125(37)：ヒメイチゲ *Anemone debilis*
126(37)：エゾイチゲ *Anemone yezoensis*
127(37)：フタマタイチゲ *Anemone dichotoma*
128(37)：エゾノハクサンイチゲ *Anemone narcissiflora* var. *sachalinensis*
129(38)：オオバイカモ *Ranunculus ashibetsuensis*
130(38)：バイカモ *Ranunculus nipponicus* var. *submersus*
131(38)：カラマツソウ *Thalictrum aquilegifolium* var. *intermedium*
132(38)：エゾカラマツ *Thalictrum sachalinenese*
133(39)：ミツバオウレン *Coptis trifolia*
134(39)：ヒツジグサ *Nymphaea tetragona*
　　　　　エゾベニヒツジグサ *Nymphaea tetragona* var. *erythrostigmatica*
135(39)：モウセンゴケ *Drosera rotundifolia*

136(39)：ナガバノモウセンゴケ *Drosera anglica*
137(40)：エゾワサビ *Cardamine fauriei*
138(40)：アイヌワサビ *Cardamine yezoensis*
139(40)：ハナタネツケバナ *Cardamine pratensis*
140(40)：オオバタネツケバナ *Cardamine regeliana*
141(41)：エゾノジャニンジン *Cardamine schinziana*
142(41)：オランダガラシ(クレソン) *Nasturtium officinale*
143(41)：ワサビ *Wasabia japonica*
144(41)：ユリワサビ *Wasabia tenuis*
145(42)：フキユキノシタ *Saxifraga japonica*
146(42)：ウメバチソウ *Parnassia palustris* var. *multiseta*
147(42)：オニシモツケ *Filipendula kamtschatica*
148(42)：ナガボノシロワレモコウ *Sanguisorba tenuifolia*
149(43)：チングルマ *Geum pentapetalum*
150(43)：ホロムイイチゴ *Rubus chamaemorus*
151(43)：ツボスミレ *Viola verecunda* var. *verecunda*
152(43)：アギスミレ *Viola verecunda* var. *semilunaris*
153(44)：チシマウスバスミレ(ケウスバスミレ) *Viola blandaeformis* var. *pilosa*
154(44)：シロスミレ(シロバナスミレ) *Viola patrini*
155(44)：ヒシ *Trapa japonica*
156(44)：オオバセンキュウ *Angelica genuflexa*
157(45)：ドクゼリ *Cicuta virosa*
158(45)：セリ *Oenanthe javanica*
159(45)：トウヌマゼリ *Sium suave* var. *suave*
160(45)：シラネニンジン *Tilingia ajanensis*
161(46)：ハクサンボウフウ *Peucedanum multivittatum*
162(46)：エゾゴゼンタチバナ *Chamaepericlymenum suecicum*
163(46)：ハイハマボッス *Samolus parviflorus*
164(46)：コツマトリソウ *Trientalis europaea* var. *arctica*
165(47)：ミツガシワ *Menyanthes trifoliata*
166(47)：イワイチョウ *Fauria crista-galli*
167(47)：エゾムグラ *Galium dahuricum*
168(47)：ホソバノヨツバムグラ *Galium trifidum* var. *brevipedunculatum*
169(48)：アカネムグラ *Rubia jesoensis*
170(48)：シロネ *Lycopus lucidus*
171(48)：ヒメサルダヒコ *Lycopus ramosissimus*
172(48)：コシロネ *Lycopus ramosissimus* var. *japonicus*
173(49)：ヒメシロネ *Lycopus maackianus*
174(49)：エゾシロネ *Lycopus uniflorus*
175(49)：ヒメナミキ *Scutellaria dependens*
176(49)：キタミソウ *Limosella aquatica*
177(50)：サワシロギク *Aster rugulosus*
178(50)：シロバナニガナ *Ixeris dentata* var. *albiflora*
179(50)：ヘラオモダカ *Alisma canaliculatum*
180(50)：サジオモダカ *Alisma plantago-aquatica* var. *orientale*
181(51)：オモダカ *Sagittaria trifolia*
182(51)：トウギボウシ(オオバギボウシ) *Hosta sieboldiana*
183(51)：バイケイソウ *Veratrum grandiflorum*

184(51)：コバイケイソウ *Veratrum stamineum*
185(52)：マイヅルソウ *Maianthemum dilatatum*
186(52)：オオバナノエンレイソウ *Trillium camschatcense*
187(52)：ヒメカイウ *Calla palustris*
188(52)：ミズバショウ *Lysichiton camtschatcense*
189(53)：ミクリ *Sparganium erectum*
190(53)：ヒメミクリ *Sparganium subglobosum*
191(53)：エゾミクリ *Sparganium emersum*
192(53)：タマミクリ *Sparganium glomeratum*
193(54)：ナガエミクリ *Sparganium japonicum*
194(54)：ウキミクリ *Sparganium gramineum*
195(54)：チシマミクリ *Sparganium hyperboreum*
196(54)：ホソバウキミクリ *Sparganium angustifolium*
197(55)：ミズトンボ *Habenaria sagittifera*
198(55)：ヒメミズトンボ *Habenaria linearifolia* var. *brachycentra*
199(55)：ミズチドリ *Platanthera hologlottis*
200(55)：エゾチドリ *Platanthera metabifolia*
201(56)：カンチヤチハコベ *Stellaria calycantha*
202(56)：ゴキヅル *Actinostemma lobatum*
203(56)：オオチドメ *Hydrocotyle ramiflora*
204(56)：アオノツガザクラ *Phyllodoce aleutica*
205(57)：ネバリノギラン *Aletris foliata*
206(57)：ヤチラン *Malaxis paludosa*
207(57)：ホソバノキソチドリ *Platanthera tipuloides*
208(57)：コバノトンボソウ *Platanthera tipuloides* var. *nipponica*
209(58)：キソチドリ *Platanthera ophrydioides* var. *monophylla*
210(58)：シロウマチドリ（ユウバリチドリ）*Platanthera hyperborea*
211(58)：タカネトンボ *Platanthera chorisiana*
212(58)：コイチヨウラン *Ephippianthus schmidtii*
213(59)：アオミズ *Pilea mongolica*
214(59)：ミズ *Pilea hamaoi*
215(59)：ウワバミソウ *Elatostema umbellatum* var. *majus*
216(59)：ヤマトキホコリ *Elatostema laetevirens*
217(60)：ミヤマヤチヤナギ *Salix paludicola*
218(60)：カラフトノダイオウ *Rumex gmelini*
219(60)：ノダイオウ *Rumex longifolius*
220(60)：ヌマハコベ *Montia fontana*
221(61)：ホソバ（ノ）ハマアカザ *Atriplex gmelinii*
222(61)：アッケシソウ *Salicornia europaea*
223(61)：アズマツメクサ *Tillaea aquatica*
224(61)：ミゾハコベ *Elatine triandra*
225(62)：キカシグサ *Rotala indica* var. *uliginosa*
226(62)：チョウジタデ *Ludwigia epilobioides*
227(62)：ホザキノフサモ *Myriophyllum spicatum*
228(62)：フサモ *Myriophyllum verticillatum*
229(63)：タチモ *Myriophyllum ussuriense*
230(63)：アリノトウグサ *Haloragis micrantha*
231(63)：スギナモ *Hippuris vulgaris*

232(63)：ガンコウラン *Empetrum nigrum* var. *japonicum*
233(64)：ミズハコベ *Callitriche verna*
234(64)：チシマミズハコベ *Callitriche hermaphroditica*
235(64)：アキタブキ *Petasites japonicus* ssp. *giganteus*
236(64)：セキショウモ *Vallisneria asiatica*
237(65)：オオシバナ *Triglochin maritimum*
238(65)：ホソバノシバナ *Triglochin palustre*
239(65)：ホロムイソウ *Scheuchzeria palustris*
240(65)：センニンモ *Potamogeton maackianus*
241(66)：エビモ *Potamogeton crispus*
242(66)：ヤナギモ *Potamogeton oxyphyllus*
243(66)：イトモ *Potamogeton pusillus*
244(66)：ホソバミズヒキモ *Potamogeton octandrus*
245(67)：オヒルムシロ *Potamogeton natans*
246(67)：フトヒルムシロ *Potamogeton fryeri*
247(67)：エゾ(ノ)ヒルムシロ *Potamogeton gramineus*
248(67)：ホソバヒルムシロ *Potamogeton alpinus*
249(68)：コアマモ *Zostera japonica*
250(68)：ヒメコウガイゼキショウ *Juncus bufonius*
251(68)：クサイ *Juncus tenuis*
252(68)：ドロイ *Juncus gracillimus*
253(69)：ミヤマイ *Juncus beringensis*
254(69)：イ(イグサ) *Juncus effusus* var. *decipiens*
255(69)：エゾホソイ *Juncus filiformis*
256(69)：イヌイ(ヒライ) *Juncus yokoscensis*
257(70)：セキショウイ *Juncus prominens*
258(70)：エゾノミクリゼキショウ *Juncus mertensianus*
259(70)：クロコウガイゼキショウ *Juncus triceps*
260(70)：ミヤマホソコウガイゼキショウ *Juncus kamtschatcensis*
261(71)：ホロムイコウガイ *Juncus tokubuchii*
262(71)：ホソコウガイゼキショウ *Juncus fauriensis*
263(71)：コウガイゼキショウ *Juncus leschenaultii*
264(71)：ヒロハノコウガイゼキショウ *Juncus diastrophanthus*
265(72)：ミクリゼキショウ *Juncus ensifolius*
266(72)：ヤマスズメノヒエ *Luzula multiflora*
267(72)：クロイヌノヒゲ *Eriocaulon atrum*
268(72)：エゾイヌノヒゲ *Eriocaulon perplexum*
269(73)：カラフトホシクサ *Eriocaulon sachalinense*
270(73)：スズメノテッポウ *Alopecurus aequalis*
271(73)：ミノゴメ(カズノコグサ) *Beckmannia syzigachne*
272(73)：クシロチャヒキ *Bromus yezoensis*
273(74)：イワノガリヤス *Calamagrostis langsdorffii*
274(74)：チシマガリヤス *Calamagrostis neglecta* var. *aculeolata*
275(74)：ヤマアワ *Calamagrostis epigeios*
276(74)：タイヌビエ *Echinochloa phyllopogon*
277(75)：ドジョウツナギ *Glyceria ischyroneura*
278(75)：ミヤマドジョウツナギ *Glyceria alnasteretum*
279(75)：エゾノサヤヌカグサ *Leersia oryzoides*

280(75)：クサヨシ *Phararis arundinacea*
281(76)：ヨシ *Phragmites australis*
282(76)：マコモ *Zizania latifolia*
283(76)：ススキ *Miscanthus sinensis*
284(76)：オギ *Miscanthus sacchariflorus*
285(77)：チシマドジョウツナギ *Puccinellia pumila*
286(77)：チシマカニツリ *Trisetum sibiricum*
287(77)：ヌマガヤ *Moliniopsis japonica*
288(77)：ショウブ *Acorus calamus*
289(78)：チシマザサ *Sasa kurilensis*
290(78)：チマキザサ *Sasa palmata*
291(78)：ウキクサ *Spirodela polyrhiza*
292(78)：アオウキクサ *Lemna perpusilla*
293(79)：ヒンジモ *Lemna trisulca*
294(79)：ガマ *Typha latifolia*
295(79)：ヒメガマ *Typha angustifolia*
296(79)：モウコガマ *Typha laxmanni*
297(80)：カンチスゲ *Carex gynocrates*
298(80)：ヤリスゲ *Carex kabanovii*
299(80)：キンスゲ *Carex pyrenaica*
300(80)：イトキンスゲ *Carex hakkodensis*
301(81)：タカネハリスゲ(ミガエリスゲ) *Carex pauciflora*
302(81)：コハリスゲ *Carex hakonensis*
303(81)：エゾハリスゲ(オオハリスゲ) *Carex uda*
304(81)：ハリガネスゲ *Carex capillacea*
305(82)：ハクサンスゲ *Carex curta*
306(82)：ヒメカワズスゲ *Carex brunnescens*
307(82)：ホソバオゼヌマスゲ *Carex nemurensis*
308(82)：ヒロハオゼヌマスゲ *Carex traiziscana*
309(83)：ツルスゲ *Carex pseudocuraica*
310(83)：ヒロハイッポンスゲ *Carex pseudololiacea*
311(83)：イッポンスゲ *Carex tenuiflora*
312(83)：アカンスゲ *Carex loliacea*
313(84)：ヤチカワズスゲ *Carex omiana*
314(84)：キタノカワズスゲ *Carex echinata*
315(84)：タカネヤガミスゲ *Carex bipartita*
316(84)：イトヒキスゲ *Carex remotiuscula*
317(85)：オオカワズスゲ *Carex stipata*
318(85)：ミノボロスゲ *Carex albata*
319(85)：クリイロスゲ *Carex diandra*
320(85)：クシロヤガミスゲ *Carex crowfordii*
321(86)：カヤツリスゲ *Carex bohemica*
322(86)：ムセンスゲ *Carex livida*
323(86)：ホロムイクグ *Carex oligosperma*
324(86)：コヌマスゲ *Carex rotundata*
325(87)：カブスゲ *Carex caespitosa*
326(87)：シュミットスゲ *Carex schmidtii*
327(87)：ヒメアゼスゲ(コアゼスゲ) *Carex eleusinoides*

328(87)：オハグロスゲ *Carex bigelowii*
329(88)：カミカワスゲ *Carex sabynensis*
330(88)：ラウススゲ *Carex stylosa*
331(88)：ヒメウシオスゲ *Carex subspathacea*
332(88)：ウシオスゲ *Carex ramenskii*
333(89)：ヤチスゲ *Carex limosa*
334(89)：イトナルコスゲ *Carex laxa*
335(89)：ゴウソ *Carex maximowiczii*
336(89)：トマリスゲ(ホロムイスゲ) *Carex middendorffii*
337(90)：ヤラメスゲ *Carex lyngbyei*
338(90)：カサスゲ *Carex dispalata*
339(90)：ミヤマシラスゲ *Carex olivacea* var. *angustior*
340(90)：サドスゲ *Carex sadoensis*
341(91)：アゼスゲ *Carex thunbergii*
342(91)：オオアゼスゲ *Carex thunbergii* var. *appendiculata*
343(91)：タニガワスゲ *Carex forficula*
344(91)：ヤマアゼスゲ *Carex heterolepis*
345(92)：タルマイスゲ *Carex buxbaumii*
346(92)：サヤスゲ(ケヤリスゲ) *Carex vaginata*
347(92)：ハタベスゲ *Carex latisquamea*
348(92)：ミタケスゲ *Carex michauxiana* var. *asiatica*
349(93)：ヒメシラスゲ *Carex mollicula*
350(93)：エゾサワスゲ *Carex viridula*
351(93)：ヒラギシスゲ *Carex augustinowiczii*
352(93)：ナルコスゲ *Carex curvicollis*
353(94)：リシリスゲ *Carex scita* var. *riishirensis*
354(94)：ジョウロウスゲ *Carex capricornis*
355(94)：オオカサスゲ *Carex rhynchophysa*
356(94)：オニナルコスゲ *Carex vesicaria*
357(95)：カラフトカサスゲ *Carex rostrata*
358(95)：ムジナスゲ *Carex lasiocarpa* var. *occultans*
359(95)：ビロードスゲ *Carex fedia* var. *miyabei*
360(95)：アカンカサスゲ *Carex drymophila* var. *abbreviata*
361(96)：ミカヅキグサ *Rhynchospora alba*
362(96)：ミヤマイヌノハナヒゲ *Rhynchospora yasudana*
363(96)：オオイヌノハナヒゲ *Rhynchospora fauriei*
364(96)：タマガヤツリ *Cyperus difformis*
365(97)：ウシクグ *Cyperus orthostachyus*
366(97)：マツバイ *Eleocharis acicularis* var. *longiseta*
367(97)：クロハリイ *Eleocharis kamtschatica* f. *reducta*
368(97)：マルホハリイ *Eleocharis soloniensis*
369(98)：オオヌマハリイ(ヌマハリイ) *Eleocharis mamillata* var. *cyclocarpa*
370(98)：クロヌマハリイ *Eleocharis intersita*
371(98)：サギスゲ *Eriophorum gracile*
372(98)：ワタスゲ *Eriophorum vaginatum*
373(99)：ミネハリイ *Scirpus caespitosus*
374(99)：ヒメワタスゲ *Scirpus hudsonianus*
375(99)：エゾウキヤガラ(コウキヤガラ) *Scirpus planiculmis*

376(99)：ウキヤガラ *Scirpus fluviatilis*
377(100)：アブラガヤ(エゾアブラガヤ) *Scirpus wichurae*
378(100)：クロアブラガヤ *Scirpus sylvaticus* var. *maximowiczii*
379(100)：タカネクロスゲ *Scirpus maximowiczii*
380(100)：ヒメホタルイ *Scirpus lineolatus*
381(101)：ホタルイ *Scirpus juncoides*
382(101)：フトイ *Scirpus tabernaemontani*
383(101)：サンカクイ *Scirpus triqueter*
384(101)：カンガレイ *Scirpus triangulatus*
385(102)：アカエゾマツ *Picea glehnii*
386(102)：ハイマツ *Pinus pumila*
387(102)：ヤチカンバ *Betula ovalifolia*
388(102)：ダケカンバ *Betula ermanii*
389(103)：ハンノキ *Alnus japonica*
390(103)：オノエヤナギ *Salix udensis*
391(103)：タライカヤナギ *Salix taraikensis*
392(103)：クロミサンザシ(エゾサンザシ) *Crataegus chlorosarca*
393(104)：エゾノコリンゴ *Malus baccata* var. *mandshurica*
394(104)：カラコギカエデ *Acer ginnala*
395(104)：ハイイヌツゲ *Ilex crenata* var. *paludosa*
396(104)：ヤチツツジ(ホロムイツツジ) *Chamaedaphne calyculata*
397(105)：カラフトイソツツジ(エゾイソツツジ) *Ledum palustre* ssp. *diversipilosum* var. *diversipilosum*
398(105)：サカイツツジ *Rhododendron lapponicum* ssp. *parvifolium*
399(105)：ヤチダモ *Fraxinus mandshurica* var. *japonica*
400(105)：カンボク *Viburnum opulus* var. *calvescens*
401(106)：トクサ *Equisetum hyemale*
402(106)：ミズドクサ *Equisetum fluviatile*
403(106)：チシマヒメドクサ *Equisetum variegatum*
404(106)：イヌスギナ *Equisetum palustre*
405(107)：フサスギナ *Equisetum sylvaticum*
406(107)：ヤチスギラン *Lycopodium inundatum*
407(107)：ヤマドリゼンマイ *Osmunda cinnamomea*
408(107)：ゼンマイ *Osmunda japonica*
409(108)：ヒメミズニラ *Isoetes asiatica*
410(108)：ワラビ *Pteridium aquilinum* var. *latiusculum*
411(108)：タニヘゴ *Dryopteris tokyoensis*
412(108)：オオバショリマ *Thelypteris quelpaertensis*
413(109)：ヒメシダ *Thelypteris palustris*
414(109)：ニッコウシダ *Thelypteris nipponica*
415(109)：クサソテツ *Matteuccia struthiopteris*
416(109)：コウヤワラビ *Onoclea sensibilis* var. *interrupta*

湿原名英語表記一覧

最初の数字は湿原番号。（　）内の数字は頁数を示す。
The first number shows a wetland number. The number in a parenthesis shows the number of pages.

1 (112)：釧路湿原　Kushiro Mire
2 (116)：別寒辺牛湿原　Bekanbeushi Mire
3 (120)：厚岸湖　Lake Akkeshi
4 (122)：霧多布湿原　Kiritappu Mire
5 (126)：落石岬湿原　Ochiishimisaki Mire
6 (128)：長節湖　Lake Chohboshi
7 (130)：温根沼　Onnetoh Mire
8 (132)：ユルリ島湿原　Yururi Mire
9 (134)：トーサンポロ湿原　Tohsanporo Mire
10 (136)：風蓮湖・春国岱
　　　　　Lake Fuhren & Shunkunitai Marsh
11 (138)：風蓮川湿原　Fuhren Mire
12 (140)：兼金沼　Kanekintoh Mire
13 (142)：茨散沼　Barasantoh Mire
14 (144)：野付半島湿原　Notsuke Marsh
15 (146)：標津湿原　Shibetsu Mire
16 (150)：濤沸湖　Lake Tohfutsu
17 (152)：女満別湿原　Memanbetsu Marsh
18 (154)：能取湖　Lake Notoro
19 (156)：サロマ湖　Lake Saroma
20 (158)：コムケ湖　Lake Komuke
21 (160)：クッチャロ湖　Lake Kuttcharo
22 (162)：モケウニ沼　Mokeuninuma Mire
23 (166)：猿払川湿原　Sarufutsu Mire
24 (168)：ポロ沼湿原　Porotoh Mire
25 (170)：メグマ湿原　Meguma Mire
26 (172)：沼浦湿原　Numaura Mire
27 (174)：サロベツ湿原　Sarobetsu Mire
28 (180)：美唄湿原　Bibai Mire
29 (182)：月ケ湖湿原　Tsukigaumi Mire
30 (184)：マクンベツ湿原　Makunbetsu Marsh
31 (186)：美々川湿原　Bibi Marsh
32 (188)：ウトナイ湖　Lake Utonai
33 (190)：勇払平野湿原群　Yuhfutsu Mires
34 (194)：ポロト湿原　Poroto Mire
35 (196)：歌才湿原　Utasai Mire
36 (198)：ホロカヤントウ　Horokayantoh Mire
37 (200)：生花苗沼　Oikamanainuma Mire
38 (204)：湧洞沼　Yuhdohnuma Mire
39 (206)：長節湖　Lake Chohbushi
40 (208)：松山湿原　Matsuyama Mire
41 (210)：ピヤシリ湿原　Piyashiri Mire
42 (212)：浮島湿原　Ukishima Mire
43 (216)：沼ノ平湿原　Numanotaira Mire
44 (220)：大雪山旭岳周辺湿原
　　　　　Mires on Mt. Asahidake
45 (222)：沼ノ原湿原　Numanohara Mire
46 (226)：原始ケ原湿原　Genshigahara Mire
47 (228)：雨竜沼湿原　Uryunuma Mire
48 (232)：大蛇ケ原湿原　Orochigahara Mire
49 (234)：中山湿原　Nakayama Mire
50 (236)：神仙沼湿原　Shinsennuma Mire
51 (238)：ホロホロ湿原　Horohoro Mire

あとがき

　フィールド版『北海道の湿原と植物』は，前田一歩園財団の創立20周年を記念した北海道の湿原の写真集，学術研究レポートと並ぶいわば三部作の一つとして作られた。

　日本はその古い国名に「豊葦原瑞穂國」あるいは「蜻蛉嶋」とあるように「湿原の島」であったが，それらは古くから水田に転じて，今ではほとんどが北海道に見られるだけになっている。言い換えれば北海道こそ湿原という極めて特徴的で，しかも生物の多様性に富んでいるフィールドが，一番よく残っている所なのだ。

　その北海道の湿原をほとんど網羅したのがこのフィールドガイドで，これを持って湿原を探し，歩けば興味と楽しみは数倍するだろう。

　湿原の植物416種を紹介してある。湿原でこそ会える花々を確かめて戴きたい。

　よく知られた湿原，大きな湿原はもちろん入れてあるが，ほとんど知られていない湿原，小さな湿原も挙げた。しかし，スペースの都合と，なるべく広い地域にわたって，ということから，ここには載せられなかった湿原もある。それに，まだまだ私たちが知らない湿原もあるはずで，そうした「知られざる湿原」，「土地の人しか知らない湿原」については情報をお寄せ戴きたい。

　それから，湿原というものはそれ自体でも，また，さまざまな影響によっても変化しやすい存在である。その意味では，この本で紹介したデータは「2002年現在の北海道の湿原」を現わすもので，それ自体，一つの記録である。

　さて，次の『北海道の湿原と植物』新版が出版されるとき，北海道の湿原はどのように変化を遂げているだろうか。

　　　2002年9月20日

　　　　　　　　　　　　　　　　　　著者を代表して　辻井達一

参考図書

「第Ⅰ部 北海道の湿原植物」で記したレッドデータの情報は次の2書を参考にしました。

日　本：環境庁自然保護局野生生物課(編)．2000．改訂・日本の絶滅のおそれのある野生生物：レッドデータブック 植物Ⅰ(維管束植物)．㈶自然環境研究センター，東京．

北海道：北海道環境生活部環境室自然環境課(編)．2001．北海道の希少野生生物：北海道レッドデータブック2001．北海道，札幌．

石塚和雄編．1977．植物群落の分布と環境．植物生態学講座Ⅰ．朝倉書店，東京．

市川正己．1976．地名・地理辞典．数研出版，東京．

大木隆志．2000．北海道湖沼と湿原：水辺の散歩道．北海道新聞社，札幌．

窪田正克．1993．釧路湿原．平凡社，東京．

阪口　豊．1974．泥炭地の地学．東京大学出版会，東京．

杉沢拓男．2000．自然ガイド釧路湿原．北海道新聞社，札幌．

鈴木静夫．1994．水辺の科学：湖・川・湿原から環境を考える．内田老鶴圃，東京．

立松和平．1993．釧路湿原を歩く：水と草が織りなす生命の海．講談社，東京．

辻井達一．1987．湿原：成長する大地．中公新書．中央公論社，東京．

辻井達一・中須賀常雄・諸喜田茂充．1994．湿原生態系：生き物たちの命のゆりかご．ブルーバックス．講談社，東京．

沼田　真編．1959．植物生態学1．生態学大系第Ⅰ巻．古今書院，東京．

沼田　真編．1983．生態学事典 増補改訂版．築地書館，東京．

北海道泥炭地研究会編．1988．泥炭地用語辞典．エコ・ネットワーク，札幌．

本多勝一．1993．釧路湿原．朝日文庫．朝日新聞社，東京．

町田貞ほか5名．1981．地形学辞典．二宮書店，東京．

湿原植物和名索引

「第Ⅰ部 北海道の湿原植物」で解説した種類についてのみ収録した。
最初の数字は植物番号。（ ）内の数字は頁数を示す。

【ア行】
アイヌワサビ	138(40)
アオウキクサ	292(78)
アオノツガザクラ	204(56)
アオミズ	213(59)
アカエゾマツ	385(102)
アカネムグラ	169(48)
アカバナ	64(21)
アカンカサスゲ	360(95)
アカンスゲ	312(83)
アギスミレ	152(43)
アキタブキ	235(64)
アキノウナギツカミ	49(18)
アサザ	29(13)
アズマツメクサ	223(61)
アゼスゲ	341(91)
アゼナ	78(25)
アッケシソウ	222(61)
アブラガヤ	377(100)
アヤメ	119(35)
アリノトウグサ	230(63)
イ	254(69)
イグサ	254(69)
イッポンスゲ	311(83)
イトキンスゲ	300(80)
イトキンポウゲ	7(7)
イトナルコスゲ	334(89)
イトヒキスゲ	316(84)
イトモ	243(66)
イヌイ	256(69)
イヌゴマ	75(24)
イヌスギナ	404(106)
イボクサ	86(27)
イワイチョウ	166(47)
イワノガリヤス	273(74)
ウキクサ	291(78)
ウキミクリ	194(54)
ウキヤガラ	376(99)
ウシオスゲ	332(88)
ウシクグ	365(97)
ウミミドリ	71(23)
ウメバチソウ	146(42)
ウラギク	114(34)
ウワバミソウ	215(59)
エゾアブラガヤ	377(100)
エゾイソツツジ	397(105)
エゾイチゲ	126(37)
エゾイヌゴマ	76(24)
エゾイヌノヒゲ	268(72)
エゾウキヤガラ	375(99)
エゾオオヤマハコベ	124(36)
エゾカラマツ	132(38)
エゾカンゾウ	30(13)
エゾコザクラ	74(24)
エゾゴゼンタチバナ	162(46)
エゾサワスゲ	350(93)
エゾサンザシ	392(103)
エゾシロネ	174(49)
エゾチドリ	200(55)
エゾツルキンバイ	23(11)
エゾナミキ	105(32)
エゾネコノメソウ	17(10)
エゾノカワヂシャ	109(33)
エゾノコリンゴ	393(104)
エゾノサヤヌカグサ	279(75)
エゾノサワアザミ	82(26)
エゾノシモツケソウ	56(19)
エゾノジャニンジン	141(41)
エゾノタウコギ	37(15)
エゾノツガザクラ	70(23)
エゾノハクサンイチゲ	128(37)
エゾ(ノ)ヒルムシロ	247(67)
エゾノミクリゼキショウ	258(70)
エゾノミズタデ	121(36)
エゾノリュウキンカ	3(6)
エゾノレンリソウ	58(20)
エゾハコベ	122(36)
エゾハリスゲ	303(81)
エゾベニヒツジグサ	134(39)
エゾホソイ	255(69)
エゾミクリ	191(53)
エゾミソハギ	60(20)
エゾムグラ	167(47)
エゾムラサキ	104(31)
エゾリンドウ	99(30)
エゾワサビ	137(40)
エダウチアカバナ	62(21)
エビモ	241(66)
エンコウソウ	4(6)
エンビセンノウ	52(18)
オオアゼスゲ	342(91)
オオイヌノハナヒゲ	363(96)
オオカサスゲ	355(94)
オオカワズスゲ	317(85)
オオシバナ	237(65)
オオタヌキモ	34(14)
オオチドメ	203(56)
オオヌマハリイ	369(98)
オオバイカモ	129(38)
オオバギボウシ	182(51)
オオバショリマ	412(108)
オオバセンキュウ	156(44)
オオバタチツボスミレ	102(31)
オオバタネツケバナ	140(40)
オオバナノエンレイソウ	186(52)
オオバミズホオズキ	32(13)
オオハリスゲ	303(81)
オオマルバノホロシ	107(32)
オオミズトンボ	197(55)
オギ	284(76)
オグルマ	42(16)
オゼコウホネ	12(8)
オトギリソウ	13(9)
オニシモツケ	147(42)
オニナルコスゲ	356(94)
オノエヤナギ	390(103)

オハグロスゲ	328(87)	クロアブラガヤ	378(100)	サワトンボ	197(55)
オヒルムシロ	245(67)	クロイヌノヒゲ	267(72)	サワヒヨドリ	79(25)
オモダカ	181(51)	クロコウガイゼキショウ		サワラン	89(28)
オランダガラシ	142(41)		259(70)	サンカクイ	383(101)
		クロヌマハリイ	370(98)	シナノキンバイ(ソウ)	1(6)
【カ行】		クロバナハンショウヅル		シュミットスゲ	326(87)
カキツバタ	118(35)		95(29)	ジュンサイ	53(19)
カキラン	44(16)	クロバナロウゲ	57(20)	ショウジョウバカマ	84(26)
カサスゲ	338(90)	クロハリイ	367(97)	ショウブ	288(77)
カズノコグサ	271(73)	クロマメノキ	68(22)	ジョウロウスゲ	354(94)
カブスゲ	325(87)	クロミサンザシ	392(103)	シラネニンジン	160(45)
ガマ	294(79)	クロユリ	85(27)	シロウマチドリ	210(58)
カミカワスゲ	329(88)	ケウスバスミレ	153(44)	シロスミレ	154(44)
カヤツリスゲ	321(86)	ケアリスゲ	346(92)	シロネ	170(48)
カラクサキンポウゲ	5(7)	コアゼスゲ	327(87)	シロバナスミレ	154(44)
カラコギカエデ	394(104)	コアニチドリ	92(28)	シロバナニガナ	178(50)
カラフトイソツツジ		コアマモ	249(68)	スギナモ	231(63)
	397(105)	コイチヨウラン	212(58)	ススキ	283(76)
カラフトカサスゲ	357(95)	コウガイゼキショウ	263(71)	スズメノテッポウ	270(73)
カラフトノダイオウ	218(60)	コウキヤガラ	375(99)	セキショウイ	257(70)
カラフトブシ	93(29)	ゴウソ	335(89)	セキショウモ	236(64)
カラフトホシクサ	269(73)	コウホネ	10(8)	セリ	158(45)
カラマツソウ	131(38)	コウヤワラビ	416(109)	ゼンテイカ	30(13)
カワヂシャ	110(33)	コガネギク	40(15)	センニンモ	240(65)
カンガレイ	384(101)	コキツネノボタン	9(8)	ゼンマイ	408(107)
ガンコウラン	232(63)	ゴキヅル	202(56)		
カンチスゲ	297(80)	コケオトギリ	15(9)	【タ行】	
カンチヤチハコベ	201(56)	コケモモ	67(22)	タイヌビエ	276(74)
カンボク	400(105)	コシロネ	172(48)	タウコギ	38(15)
キカシグサ	225(62)	コタヌキモ	35(14)	タカネクロスゲ	379(100)
キジムシロ	24(11)	コツマトリソウ	164(46)	タカネトンボ	211(58)
キショウブ	43(16)	コヌマスゲ	324(86)	タカネハリスゲ	301(81)
キソチドリ	209(58)	コバイケイソウ	184(51)	タカネヤガミスゲ	315(84)
キタノカワズスゲ	314(84)	コバノトンボソウ	208(57)	タガラシ	8(7)
キタミソウ	176(49)	コハリスゲ	302(81)	ダケカンバ	388(102)
キツリフネ	26(12)			タチギボウシ	115(34)
キンスゲ	299(80)	【サ行】		タチモ	229(63)
クサイ	251(68)	サカイツツジ	398(105)	タテヤマリンドウ	97(30)
クサソテツ	415(109)	サギスゲ	371(98)	タニガワスゲ	343(91)
クサヨシ	280(75)	サジオモダカ	180(50)	タニソバ	47(17)
クサレダマ	28(12)	ザゼンソウ	87(27)	タニヘゴ	411(108)
クシロチャヒキ	272(73)	サデクサ	46(17)	タニマスミレ	101(31)
クシロハナシノブ	96(29)	サドスゲ	340(90)	タヌキモ	33(14)
クシロヤガミスゲ	320(85)	サヤスゲ	346(92)	タマガヤツリ	364(96)
クリイロスゲ	319(85)	サワオトギリ	14(9)	タマミクリ	192(53)
クリンソウ	72(23)	サワギキョウ	113(34)	タライカヤナギ	391(103)
クレソン	142(41)	サワシロギク	177(50)	タルマイスゲ	345(92)

261

チシマアザミ	81(26)	ネムロコウホネ	11(8)	ヒラギシスゲ	351(93)
チシマウスバスミレ	153(44)	ノウルシ	25(12)	ビロードスゲ	359(95)
チシマカニツリ	286(77)	ノダイオウ	219(60)	ヒロハイッポンスゲ	310(83)
チシマガリヤス	274(74)	ノハナショウブ	117(35)	ヒロハオゼヌマスゲ	308(82)
チシマザサ	289(78)			ヒロハノコウガイゼキショウ	
チシマドジョウツナギ		【ハ行】			264(71)
	285(77)	ハイイヌツゲ	395(104)	ヒンジモ	293(79)
チシマネコノメ(ソウ)		バイカモ	130(38)	フキユキノシタ	145(42)
	21(11)	ハイキンポウゲ	6(7)	フサスギナ	405(107)
チシマノキンバイソウ	2(6)	バイケイソウ	183(51)	フサモ	228(62)
チシマヒメドクサ	403(106)	ハイハマボッス	163(46)	フタマタイチゲ	127(37)
チシマミクリ	195(54)	ハイマツ	386(102)	フトイ	382(101)
チシマミズハコベ	234(64)	ハクサンスゲ	305(82)	フトヒルムシロ	246(67)
チマキザサ	290(78)	ハクサンチドリ	91(28)	ヘラオモダカ	179(50)
チョウジタデ	226(62)	ハクサンボウフウ	161(46)	ホザキシモツケ	55(19)
チングルマ	149(43)	ハタベスゲ	347(92)	ホザキノフサモ	227(62)
ツボスミレ	151(43)	ハッカ	106(32)	ホザキノミミカキグサ	
ツリフネソウ	59(20)	ハナタネツケバナ	139(40)		111(33)
ツルコケモモ	65(22)	ハリガネスゲ	304(81)	ホソコウガイゼキショウ	
ツルスゲ	309(83)	ハンノキ	389(103)		262(71)
ツルネコノメソウ	19(10)	ヒオウギアヤメ	120(35)	ホソバアカバナ	61(21)
テリハブシ	94(29)	ヒシ	155(44)	ホソバウキミクリ	193(54)
トウギボウシ	182(51)	ヒツジグサ	134(39)	ホソバウルップソウ	108(32)
トウヌマゼリ	159(45)	ヒメアゼスゲ	327(87)	ホソバオゼヌマスゲ	307(82)
トキソウ	90(28)	ヒメイチゲ	125(37)	ホソバノキソチドリ	207(57)
トクサ	401(106)	ヒメウシオスゲ	331(88)	ホソバノシバナ	238(65)
ドクゼリ	157(45)	ヒメカイウ	187(52)	ホソバ(ノ)ハマアカザ	
ドジョウツナギ	277(75)	ヒメガマ	295(79)		221(61)
トマリスゲ	336(89)	ヒメカワズスゲ	306(82)	ホソバノヨツバムグラ	
ドロイ	252(68)	ヒメコウガイゼキショウ			168(47)
			250(68)	ホソバヒルムシロ	248(67)
【ナ行】		ヒメザゼンソウ	88(27)	ホソバミズヒキモ	244(66)
ナガバツメクサ	123(36)	ヒメサルダヒコ	171(48)	ホタルイ	381(101)
ナガバノウナギツカミ		ヒメシダ	413(109)	ホロムイイチゴ	150(43)
	50(18)	ヒメシャクナゲ	69(23)	ホロムイクグ	323(86)
ナガバノモウセンゴケ		ヒメシラスゲ	349(93)	ホロムイコウガイ	261(71)
	136(39)	ヒメシロネ	173(49)	ホロムイスゲ	336(89)
ナガボノシロワレモコウ		ヒメタヌキモ	36(14)	ホロムイソウ	239(65)
	148(42)	ヒメツルコケモモ	66(22)	ホロムイツツジ	396(104)
ナルコスゲ	352(93)	ヒメナミキ	175(49)	ホロムイリンドウ	100(30)
ニガナ	41(16)	ヒメハッカ	77(25)		
ニッコウシダ	414(109)	ヒメホタルイ	380(100)	【マ行】	
ヌマガヤ	287(77)	ヒメミクリ	190(53)	マイヅルソウ	185(52)
ヌマハコベ	220(60)	ヒメミズトンボ	198(55)	マコモ	282(76)
ヌマハリイ	369(98)	ヒメミズニラ	409(108)	マツバイ	366(97)
ネコノメソウ	18(10)	ヒメワタスゲ	374(99)	マルバネコノメ(ソウ)	
ネバリノギラン	205(57)	ヒライ	256(69)		22(11)

マルホハリイ	368(97)	ミヤマガラシ	16(9)	ヤナギトラノオ	27(12)
ミガエリスゲ	301(81)	ミヤマイヌノハナヒゲ		ヤナギモ	242(66)
ミカヅキグサ	361(96)		362(96)	ヤノネグサ	51(18)
ミクリ	189(53)	ミヤマシラスゲ	339(90)	ヤマアゼスゲ	344(91)
ミクリゼキショウ	265(72)	ミヤマドジョウツナギ		ヤマアワ	275(74)
ミズ	214(59)		278(75)	ヤマガラシ	16(9)
ミズアオイ	116(34)	ミヤマホソコウガイゼキショウ		ヤマスズメノヒエ	266(72)
ミズオトギリ	54(19)		260(70)	ヤマトキホコリ	216(59)
ミズチドリ	199(55)	ミヤマヤチヤナギ	217(60)	ヤマドリゼンマイ	407(107)
ミズドクサ	402(106)	ミヤマリンドウ	98(30)	ヤマネコノメソウ	20(10)
ミズトンボ	196(54)	ムジナスゲ	358(95)	ヤラメスゲ	337(90)
ミズハコベ	233(64)	ムセンスゲ	322(86)	ヤリスゲ	298(80)
ミズバショウ	188(52)	ムラサキミミカキグサ		ユウバリチドリ	210(58)
ミゾカクシ	83(26)		112(33)	ユキワリコザクラ	73(24)
ミゾソバ	45(17)	モウコガマ	296(79)	ユリワサビ	144(41)
ミゾハコベ	224(61)	モウセンゴケ	135(39)	ヨシ	281(76)
ミゾホオズキ	31(13)			ヨツバヒヨドリ	80(25)
ミタケスゲ	348(92)	【ヤ行】			
ミツガシワ	165(47)	ヤチカワズスゲ	313(84)	【ラ行】	
ミツバオウレン	133(39)	ヤチカンバ	387(102)	ラウススゲ	330(88)
ミネハリイ	373(99)	ヤチスギラン	406(107)	リシリスゲ	353(94)
ミノゴメ	271(73)	ヤチスゲ	333(89)		
ミノボロスゲ	318(85)	ヤチダモ	399(105)	【ワ】	
ミヤマアカバナ	63(21)	ヤチツツジ	396(104)	ワサビ	143(41)
ミヤマアキノキリンソウ		ヤチラン	206(57)	ワスレナグサ	103(31)
	40(15)	ヤナギタウコギ	39(15)	ワタスゲ	372(98)
ミヤマイ	253(69)	ヤナギタデ	48(17)	ワラビ	410(108)

263

湿原名索引

「第Ⅱ部 北海道の湿原」で解説した湿原についてのみ収録した。
最初の数字は湿原番号。( )内の数字は頁数を示す。

【あ行】

厚岸湖	3 (120)
浮島湿原	42 (212)
歌才湿原	35 (196)
ウトナイ湖	32 (188)
雨竜沼湿原	47 (228)
生花苗沼	37 (200)
落石岬湿原	5 (126)
大蛇ケ原湿原	48 (232)
温根沼	7 (130)

【か行】

兼金沼	12 (140)
霧多布湿原	4 (122)
釧路湿原	1 (112)
クッチャロ湖	21 (160)
原始ケ原湿原	46 (226)
コムケ湖	20 (158)

【さ行】

猿払川湿原	23 (166)
サロベツ湿原	27 (174)
サロマ湖	19 (156)

標津湿原	15 (146)
神仙沼湿原	50 (236)

【た行】

大雪山旭岳周辺湿原	44 (220)
長節湖(ちょうぶしこ)	39 (206)
長節湖(ちょうぼしこ)	6 (128)
月ケ湖湿原	29 (182)
トーサンポロ湿原	9 (134)
濤沸湖	16 (150)

【な行】

中山湿原	49 (234)
沼浦湿原	26 (172)
沼ノ平湿原	43 (216)
沼ノ原湿原	45 (222)
野付半島湿原	14 (144)
能取湖	18 (154)

【は行】

茨散沼	13 (142)

美唄湿原	28 (180)
美々川湿原	31 (186)
ピヤシリ湿原	41 (210)
風蓮川湿原	11 (138)
風蓮湖・春国岱	10 (136)
別寒辺牛湿原	2 (116)
ホロカヤントウ	36 (198)
ポロ沼湿原	24 (168)
ポロト湿原	34 (194)
ホロホロ湿原	51 (238)

【ま行】

マクンベツ湿原	30 (184)
松山湿原	40 (208)
メグマ湿原	25 (170)
女満別湿原	17 (152)
モケウニ沼	22 (162)

【や行】

湧洞沼	38 (204)
勇払平野湿原群	33 (190)
ユルリ島湿原	8 (132)

辻井 達一(つじい たついち)
　日本湿地学会会長，日本国際湿地
　　保全連合会長
　財団法人北海道環境財団理事長
　第Ⅱ部 北海道の湿原・解説担当

梅沢　　俊(うめざわ しゅん)
　植物写真家
　第Ⅰ部 北海道の湿原植物・写真
　　担当

橘 ヒ サ 子(たちばな ひさこ)
　北海道教育大学旭川校名誉教授
　第Ⅱ部 北海道の湿原・解説担当

岡田　　操(おかだ みさお)
　㈱水工リサーチ取締役
　第Ⅱ部 北海道の湿原・写真担当

高橋 英樹(たかはし ひでき)
　北海道大学総合博物館教授
　第Ⅰ部 北海道の湿原植物・解説
　　担当

冨士田 裕子(ふじた ひろこ)
　北海道大学北方生物圏フィールド
　　科学センター植物園准教授
　第Ⅱ部 北海道の湿原・解説担当

写真提供/佐藤雅俊，佐々木純一，辻　昌秀，白老山岳会
本書の刊行にあたって，財団法人 前田一歩園財団より創立20周年記念事業
の一環として，研究・出版助成を受けた．

北海道の湿原と植物

発　　行　2003年3月25日　第1刷
　　　　　2009年6月25日　第2刷
■
編　　者　辻井達一・橘ヒサ子
発行者　　吉田克己
発行所　　北海道大学出版会
　　　　　札幌市北区北9西8 北大構内　Tel. 011-747-2308・Fax. 011-736-8605
　　　　　http://www.hup.gr.jp/
印　　刷　凸版印刷株式会社
製　　本　石田製本所
装　　幀　須田　照生

Ⓒ Hokkaido University Press, 2003　　　　　　　　　　　　　Printed in Japan

ISBN 978-4-8329-1361-5

写真集 北海道の湿原	辻井 達一 著 岡田　　操	B4変・252頁 価格18000円
新 北 海 道 の 花	梅沢　　俊 著	四六・464頁 価格2800円
新版 北海道の樹	辻井　達一 梅沢　　俊 著 佐藤　孝夫	四六・320頁 価格2400円
札 幌 の 植 物	原　松次 編著	B5・170頁 価格3800円
北海道高山植生誌	佐藤　　謙 著	B5・708頁 価格20000円
日 本 海 草 図 譜	大場　達之 著 宮田　昌彦	A3・128頁 価格24000円
春 の 植 物 No.1	河野昭一 監修	A4・122頁 価格3000円
春 の 植 物 No.2	河野昭一 監修	A4・120頁 価格3000円
夏 の 植 物 No.1	河野昭一 監修	A4・124頁 価格3000円
植 物 の 耐 寒 戦 略	酒井　　昭 著	四六・260頁 価格2200円
花 の 自 然 史	大原　　雅 編著	A5・278頁 価格3000円
植 物 の 自 然 史	岡田　　博 植田邦彦 編著 角野康郎	A5・280頁 価格3000円
高山植物の自然史	工藤　　岳 編著	A5・238頁 価格3000円
森 の 自 然 史	菊沢喜八郎 編 甲山　隆司	A5・250頁 価格3000円
雑 穀 の 自 然 史	山口裕文 編著 河瀬眞琴	A5・262頁 価格3000円
栽培植物の自然史	山口裕文 編著 島本義也	A5・256頁 価格3000円
雑 草 の 自 然 史	山口裕文 編著	A5・248頁 価格3000円

北海道大学出版会

価格は税別

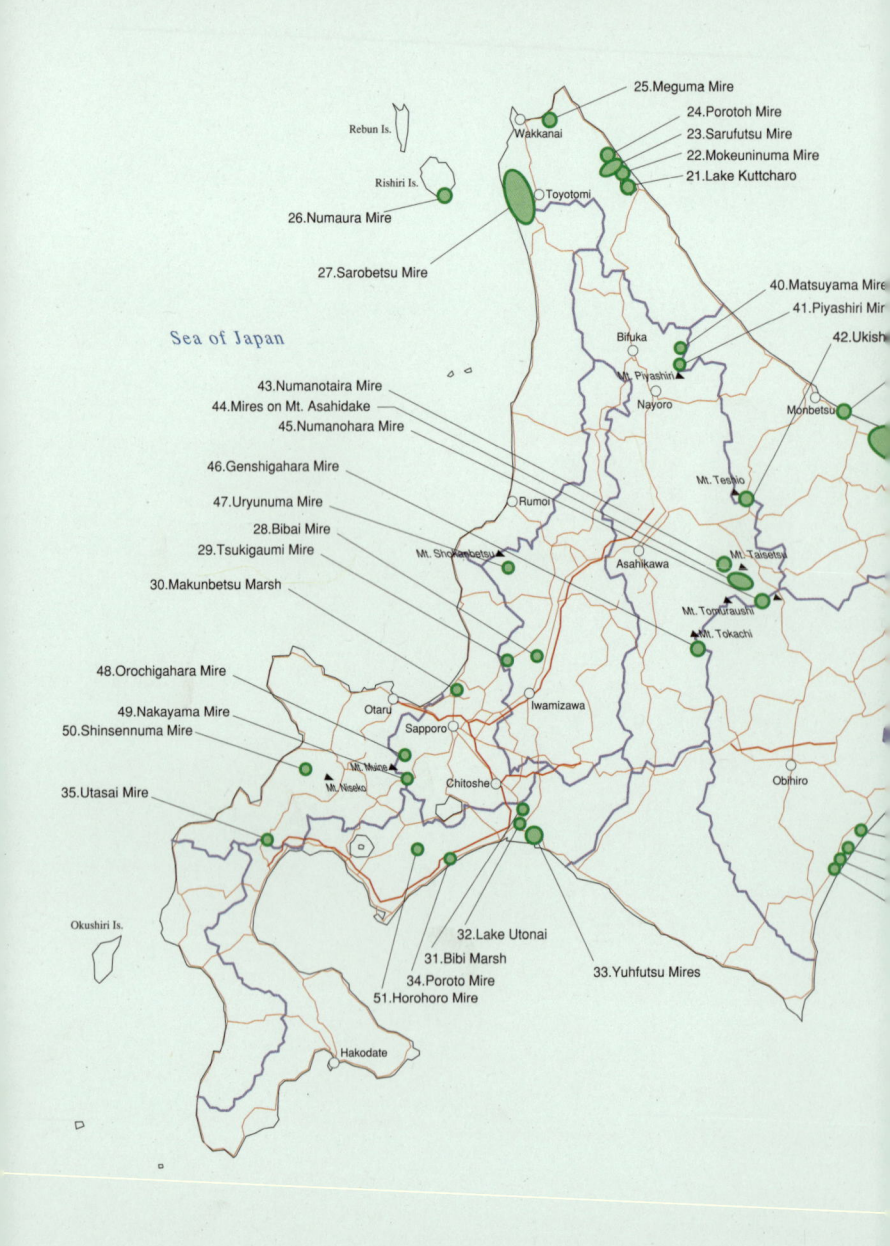

Map of Mires in Hokkaido

- 21. Lake Kuttcharo
- 22. Mokeuninuma Mire
- 23. Sarufutsu Mire
- 24. Porotoh Mire
- 25. Meguma Mire
- 26. Numaura Mire
- 27. Sarobetsu Mire
- 28. Bibai Mire
- 29. Tsukigaumi Mire
- 30. Makunbetsu Marsh
- 31. Bibi Marsh
- 32. Lake Utonai
- 33. Yuhfutsu Mires
- 34. Poroto Mire
- 35. Utasai Mire
- 40. Matsuyama Mire
- 41. Piyashiri Mire
- 42. Ukishi
- 43. Numanotaira Mire
- 44. Mires on Mt. Asahidake
- 45. Numanohara Mire
- 46. Genshigahara Mire
- 47. Uryunuma Mire
- 48. Orochigahara Mire
- 49. Nakayama Mire
- 50. Shinsennuma Mire
- 51. Horohoro Mire

Sea of Japan

Rebun Is., Rishiri Is., Okushiri Is.

Wakkanai, Toyotomi, Bifuka, Nayoro, Mt. Piyashiri, Monbetsu, Mt. Teshio, Rumoi, Mt. Shokanbetsu, Asahikawa, Mt. Taisetsu, Mt. Tomuraushi, Mt. Tokachi, Otaru, Sapporo, Iwamizawa, Mt. Muine, Mt. Niseko, Chitoshe, Obihiro, Hakodate